熟知职场红绿灯，悟透职场
潜规则，才能做到知己知彼，运筹帷幄，
从而决胜职场。

职场红绿灯

韩兆任　杜正梅　许琳娜◎著

ZHICHANG HONGLVDENG

我们无法以身试险，遍尝职场所有情形，却可以阅读他
人故事，前车之鉴，助力成长，成就职业人生。

图书在版编目(CIP)数据

职场红绿灯/韩兆任,杜正梅,许琳娜著.—北京:
企业管理出版社,2013.11
ISBN 978-7-5164-0562-8

Ⅰ.①职… Ⅱ.①韩…②杜…③许… Ⅲ.①成功心理-通俗读物
Ⅳ.①B848.4-49

中国版本图书馆 CIP 数据核字(2013)第 248090 号

书　　名:职场红绿灯
作　　者:韩兆任　杜正梅　许琳娜
责任编辑:杜　敏
书　　号:ISBN 978-7-5164-0562-8
出版发行:企业管理出版社
地　　址:北京市海淀区紫竹院南路 17 号　　邮编:100048
网　　址:http://www.emph.cn
电　　话:总编室(010)68701719　发行部(010)68701816　编辑部(010)68414643
电子信箱:80147@sina.com
印　　刷:北京市德美印刷厂
经　　销:新华书店
规　　格:170 毫米×240 毫米　16 开本　14 印张　205 千字
版　　次:2014 年 1 月第 1 版　2014 年 1 月第 1 次印刷
定　　价:35.00 元

前言

人生在世，每个人都需要工作、需要奋斗。在现实生活中，每个人都渴望成功，每个人都希望自己成为别人眼中“事业有成”的成功人士，每个人都立志通过工作来实现自己的人生价值。然而，当你踏入社会进入职场后，你是否清楚职场的规则呢？是否能够遵守并合理利用它呢？

职场就好比通往成功的道路，在这条道路上有着各种各样的规则，这些规则就像是道路上的红绿灯，指引着每个人何时该走、何时该停。作为职场中的人，我们都要遵守“职场红绿灯”的信号，只有遵守规则才能避免“事故”的出现，才能够让我们在职场上一路驰骋。

对于大多数人而言，工作是我们一生中最为重要的组成部分，我们一生中的大部分需求都需要靠工作来满足和实现。工作不但能够让我们解决基本的温饱问题，能够让我们有一个安定的家，能够让我们获得自尊和归属感，也使我们每一个人都有机会去实现自己的理想，向着自己的目标奋勇前进，让我们的人生更具有价值，让我们的存在更有意义。因此，在职场道路上能够如履平地，让这条路引领我们走向成功，成为作为“职场人”的我们毕生想要实现的目标。

那么，我们如何才能够利用好工作、利用好职场给我们提供的广阔空间来实现自己的梦想呢？这就需要我们对职场道路上的“红绿灯”——职场规则有深刻的理解。在职场中我们要知道何时需要“刹车”，避免踏入职场“禁区”，还要知道何时需要“加大油门”，冲向胜利的终点，何时需要小心前行，避免可能出现的危险。本书希望能够在职场规则、职场技巧方面给大家一些有利的建议，让大家能够学习、了解职场规则和职场技巧的相关知识，帮助大家在职场中行进自如。

本书围绕三个部分：紧急刹车，避开职场禁区；踏实奋进，展现实力拥抱成功；遵守职场红绿灯，让职场之路畅行无阻。向每一个阅读此书的朋友进行全方位的职场剖析，通过丰富的案例和通俗易懂的理论相结合、经验与教训共分析的全面内容逐渐揭开职场规则的神秘面纱，让每一个读者对职场规则能够有较为深刻的认识，帮助你们在职场之路上走得更安全、更快捷、更轻松。

《孟子》中有这样一句话："不以规矩，不能成方圆。"火车要受轨道的约束，否则就要倾覆；飞机要受航线的约束，否则就要坠落。而作为职场人的我们也要遵守规则，否则必将难以在职场中生存。遵守规则、利用规则可以说是我们这些职场人获取成功的先决条件，只有遵守"职场红绿灯'的指示，我们的职场道路才能够畅通无阻。

上篇　红灯停：紧急刹车，避开职场禁区

我们在职场中前行如同在公路上驾车，必须遵守红绿灯的指示。如果总是在职场中闯“红灯”，不但会受到惩罚，收获“罚单”，更有可能被吊销“驾照”，被职场“开除”。身在职场的我们必须谨记：当职场对你的行为、观念亮起“红灯”时，要紧急刹车，更正这些行为和观念，让自己远离职场禁区。

第一章　小心：小陋习会毁掉大前途

俗话说，千里之堤溃于蚁穴。而一些小陋习正是“蚁穴”。如果我们忽视、纵容这些小陋习，它就很可能会对我们的前途造成不可挽回的损失。只有警惕这些小陋习，改正这些小陋习，才能够让我们的职场之路更加平坦。

第二章 警惕:错误观念使职场之路举步维艰

如果把职场比作战场,那么我们就是在战场中英勇无畏的斗士。我们用手中的枪一次次击中目标,走向胜利。而我们的观念则好比枪上的准星,一旦准星歪了就没办法准确地命中目标,甚至伤人伤己,只有警惕错误观念、纠正错误观念才能让我们在职场中无往不胜。

第三章 注意:不良心理就是我们前进的绊脚石

爱因斯坦曾经说过:"良好的心态和钢铁般的意志比智慧和博学更重要。"可见,一种优秀的心理素质和健康的心理状态是一个人成功的重要保证。而不良心理则是成功路上的绊脚石。在职场中的我们不但要注重能力、经验的培养,更要克服不良心理。一个健康的心理就像一盏明灯,它会指引我们在职场之路上奔向成功。

第四章 记住:这些都是职场禁区

职场就像一座危机四伏的迷宫,这座迷宫中有各种禁区,这些禁区里充满着“要命”的陷阱,它们会令在迷宫中小心前行的你断送掉大好前程。因此,你要时刻保持警惕,清醒地分辨出这些职场禁区,告诫自己不要踏入一步。“一招棋错,满盘皆输”,职场生涯就是这样,不要因自己的大意而追悔莫及。

中篇　绿灯行：踏实奋进，展现实力拥抱成功

在公路上行驶时，如果绿灯亮起我们依旧观望不前，不但会阻碍自己的前进，更会招致他人的"厌恶"。职场中也同样如此，在遵守职场规则的前提下，我们应当踏实奋进，鼓励、强化自己的正确行为，勇敢地展示自己的实力，只有这样才能够在职场中立足，才能够拥抱成功。

第五章　忠诚敬业，与企业相濡以沫

一滴水怎样才能不干涸？如果仅仅是一滴水，一阵风就能将它吹干，一小把沙就能把它吸干。但是，如果一滴水融入江河海洋之中，它不但不会干涸，还能够为波澜壮阔的江海贡献自己的力量。企业与员工的关系正是如此，忠于企业，爱岗敬业，企业必将还你一个大展宏图的机会。

第六章 积极主动，把工作当成事业来做

二十一世纪的职场给我们带来了机遇，也带来了更多竞争，而面对这些竞争能够积极主动地在职场中谋求更多机会和更大发展的人往往可以占据优势地位。积极主动的人可以走在时代的前沿，成为职场中的“领跑者”，让职场成为自己的“主场”，从而占尽先机。做一个积极主动、把工作当成自身事业去做的人，你将为自己迎来更大的机遇和更加宽广的职场生存空间。

第七章 认真负责，尽职尽责把工作做到最好

责任是职场永恒的主题，能够在工作中肩负起责任你才能够被称为称职的“职场人”。查尔斯王子曾经说过：“这个世界上有许多你不得不去做的事情，这就是责任。”责任并不是一个甜美的字眼，它带给我们更多的是背负的痛苦。既然这样，那么我们又为何要去背负责任？这是因为它能够给你带来最珍贵的东西——人格的伟大。

第八章 勤奋努力，用业绩证明自己

韩愈说过："业精于勤荒于嬉，行成于思毁于随。"在职场中，勤奋努力是通往荣誉殿堂的必经之路。懒惰者常常抱怨自己没有能力让家人衣食无忧；勤奋的人却说，我的才能虽然不突出，但我能够依靠勤奋努力去实现目标与理想。最终往往懒惰者一生都在重复着自己的抱怨，而勤奋者则通过不断地努力实现了自己的价值。

第九章 不断提升，做最好的自己

如果别人都在进步，而你停滞不前，这就是一种退步。在职场中，不要以为"固守自己这块阵地"就是长久之计。如今竞争如此激烈，你只有不断提升，努力让自己做到最好，才能够从人群中脱颖而出。正所谓"逆水行舟，不进则退"，时刻保持一颗不断进取的心是你获得成功的关键。

下篇　谨守职场红绿灯，让职场之路畅行无阻

在职场道路上行进的我们，如果能够谨守“职场红绿灯”，那么必将一路畅行无阻；如果忽视它则很有可能前途“受阻”，甚至“车毁人亡”。遵守职场规则对于我们这些“职场人”来说就犹如遵守红绿灯对于司机一样重要，谨遵职场规则是我们在职场中保证安全、行进通畅的关键所在。

第十章　不管红灯绿灯，守规则才能一路畅通

在马路上，不管是行人还是机动车，都需要遵守红绿灯才能保证自己的旅途畅通无阻。而对于我们这些“职场人”来说，遵守职场的规则就像遵守马路上的红绿灯一样，是保证我们自己在职场中可以安全前行的关键。你只有很好地遵守职场规则，才能够适应职场甚至驾驭职场。

第十一章　时刻遵守规则，快速成为职场精英

职场精英是每一个“职场人”都梦想达到的高度，也是每一个“职场人”心中的最高目标。如果想要成为职场精英，首先要做到时刻遵守职场规则。规则非但不会束缚我们通向成功的脚步，反而会让我们有据可依地去寻找通向成功的正途。可以说，时刻遵守规则是一个人成为职场精英的关键前提。

红绿灯 ▶▶▶

上篇　红灯停：紧急刹车，避开职场禁区

我们在职场中前行如同在公路上驾车，必须遵守红绿灯的指示。如果总是在职场中闯“红灯”，不但会受到惩罚，收获“罚单”，更有可能被吊销“驾照”，被职场“开除”。身在职场的我们必须谨记：当职场对你的行为、观念亮起“红灯”时，要紧急刹车，更正这些行为和观念，让自己远离职场禁区。

第一章

小心：

小陋习会毁掉大前途

1. 不注意小事，不重视细节

很多人都听过这样一句话：成大事者，不拘小节。有些人可能也被这句话所误导，认为既然想做大事，就不要在乎那么多细节。其实，这句话并不是让我们不在意细节，而是让我们不拘泥于小事。不注意小事，不重视细节的人不可能成大事。

在第一次工业革命之前，一位英国织布的工人在无意中弄倒了单车，却发现车轮仍在转动，当时他想：单车倒下之后，只要一点儿的力就会不停地转动，而把单车放好，却要比这样倒转用力。他将这一细节与织布机相结合，最后发明了珍妮机，极大地推动了轻工业发展，为人类工业进步做出了巨大贡献。

牛顿一次在苹果树下读书，发现当苹果熟透的时候，会掉在地上，而不会随风飘去。这一细节可能很多人都不会注意，然而牛顿却将它重视起来，正因为这样他才最终发现了万有引力，成为了物理学研究领域的一座丰碑。

世界上很多具有深远影响的发现，具有划时代意义的发明都是源于对细节的关注。然而环顾我们周围，大而化之、马马虎虎的毛病随处可见，"差不多"先生比比皆是；好像、几乎、似乎、将近、大约、大体、大致、大概、应该、可能等等，成了"差不多"先生的常用词。就在这些词汇一再使用的同时，许多重大决策都停留在了纸上，许多重点工作都落实在了表面上，许多宏伟的目标都成了海市蜃楼。如果你是一个有着远大目标在职场中奋斗的一员，那么请不要忽略小事和细节，这很可能让你永远无法真正获得成功。

另外，在职场中我们可能会需要处理形形色色的工作任务和其他事情，这些事情有大有小，然而往往是小事情更多一些，因此不注意这些小事，不重视细节很可能让你总是漏掉一些工作或是难以高质量地完成工作。久而久之，其他同事与企业的领导就会怀疑你的工作态度和工作能力，这对于身处职场中的你也是非常不利的。

小军与小张都是工作勤劳、业绩突出的优秀员工，经过几年的努力工作，小张留下并被提升为部门主管，更得经理赏识，而小军则无声无息地离开了。既然工作态度和工作业绩都非常优秀，为何小军没有得到公司的提拔和重用呢？

在小军离职后，经理最终透露了他对两人的考察结果和决定：小张和小军在工作业绩方面确实平分秋色，而且人缘也不分伯仲，要在其中选拔一人实在很难，但是到了他们的宿舍走走时，却发现没人的时候，小军房间里的灯还总是亮着的，电脑也经常是随便地开着的，毫无节约意识；但小张的房间却是熄了灯、锁上门并关闭好电脑的……所以，经过详细的考虑，认为只有具有这种严谨态度的小张才能够做部门的主管。

在工作能力上同样优秀的小军和小张却迎来了截然不同的命运，这就是我们所说的细节决定成败。小军虽然工作能力非常优秀，然而对于节约能源这一细节的忽视让领导不能够完全信任他，而小张在小事上面的严谨态度却得到了领导的赏识，最终在竞争激烈的职场中脱颖而出。

其实我们不难发现，在职场中的我们，每天应付的最多的并不是那些对企业起着决定性作用的“大事情”，而恰恰是那些对我们个人起着决定性作用的“小事情”。有些人认为在单位总是做一些琐碎的、看似不重要的小事情非常“屈才”，于是就消极地对待这些事情，不认真去做，不注意细节。但是我们有没有想过，如果连一些琐碎的小事都做不好，那么又有谁会相信我们能做好大事呢？

另外，除了工作，职场中与同事交往、与上司沟通，甚至是着装、行为都需要注意细节。如果我们在工作中养成了不重视小事，不注意细节的毛病，那么这种坏习惯就会慢慢影响到其他方面，让我们给别人留下一个不值得别人信任、工作玩忽职守的不良印象，这会严重影响我们的职场生涯。

2. 溜须拍马令人生厌

在职场中不断拼搏的我们可能有时会发现，有一张能说会道的嘴会让我们更受到领导的青睐，也能够更轻松地节节高升。但是，能说会道并不等于溜须拍马，能说会道是要我们懂得语言的艺术，善用合理的表达方式，而不是一味地恭维、吹捧领导或同事，不是脱离实际、夸大其词。

我们都知道溜须拍马并不是什么光彩的行为，然而在职场中，有些人把溜须拍马当做自己工作进步的"突破口"，认为只要谄媚于领导，便能够获得提拔和重用。但其实这种方法在职场中是非常不可取的，它会让你陷入危机。究其原因，主要有以下的一些：

首先，能否得到重用并不取决于嘴上说的，而取决于手上做的。对于企业和领导来说，一个踏实肯干的员工绝对会比一个只会阿谀奉承的员工创造出的价值大。即使领导非常喜欢别人恭维自己，也不可能不顾实际的利益。因此，在提拔员工时，企业和领导首先看重的一定是能力。能力才是我们在职场中驰骋的核心力量。

其次，溜须拍马会让自己给别人留下厌恶的印象。试想，谁愿意与一个整天只会阿谀奉承、讨好领导的小人共事呢？并且总是阿谀奉承会让他人觉得你没有真才实学，只能在这些表面功夫上做文章。长此以往，我们的名声会在职场交际圈中越来越坏，最终成为大家避之不及的祸害。

最后，溜须拍马会让我们忽略提升自己的核心能力，培养那些真正有用的才华。也许有的时候，拍拍领导的马屁能够让你尝到一些小甜头，然而这却不是长久之计。如果总是想以溜须拍马来在领导面前“争宠”，最终只会让你丢下那些本属于我们的核心实力。不管从工作能力上还是人际交往上，都会产生无法挽回的损失。当领导听腻了你的“甜言蜜语”想看看你的真正实力时，你却只能交上“白卷”。

祁煜是一名软件工程师，毕业后的他幸运地进入了一家大型企业做软件开发人员。工作之初他勤勤恳恳，工作成绩也非常突出，然而却并未得到领导的赏识。渐渐地，他发现原来是由于自己不会与领导沟通，不会拍领导马屁导致的。其他一些工作成绩并不如他的同事，由于会在领导面前说话，都得到了领导的赏识。

于是他开始每天钻研如何给领导溜须拍马，渐渐地他就成为了阿谀奉承的“专家”，成为了领导眼前的红人。然而，他却在这过程中，渐渐地忽视了自己的专业技能的学习。他心想：只要我能够讨好领导，有没有能力又有什么关系呢？此后，他将精力全部投入到如何讨领导欢心上，专业技能不但没有提升，反而越来越差。

他工作了几年后，转而跳槽到了一家外企寻求更好的发展。刚刚进入这家外企，他就开始整天在老板身边转来转去，每天不停地研究领导的喜好，对领导溜须拍马。然而，让他意想不到的是，两周后他就被解雇了。他非常不解，前去老板那里询问。老板这样对他说：“你把所有的精力都用在了我的身上，那你用在工作上的又有多少呢？我们需要有能力的员工，能够真正给公司创造价值的员工。”

在职场中想要靠拍领导“马屁”从而获得成功的人并不在少数，溜须拍马可能能让我们尝得一时的甜头，但是最终我们也会因为它吃尽苦头。现如今市场经济体系越来越趋于完善，市场竞争的压力也越来越大。企业想要在这种环境下生存，必须需要能够创造更大价值的员工。现如今的职场中，能力逐渐成为了第一个核心要素，而溜须拍马的人已经没有了生存的空间。

由于人员成本的不断提高，很多企业开始逐渐缩减自己的人员配置。在这种前提下，很少有领导会付钱给一个整天只会阿谀奉承，重复着那些陈词滥调的“复读机”。如果你把精力只是放在讨好领导上，而不是去考虑如何提升自己的能力，让自己发挥更大的价值，这样只会让领导和同事越来越厌恶你，最终成为被裁掉的“多余的人”。

3. 公私混为一谈要避免

在职场中，利用人情来拓展自己的人际关系，甚至是寻求一些对工作上的帮助都是非常常用的方法。谁没有几个朋友呢？然而，当我们与越来越多的人建立了各种各样的私人关系时，我们切记不要将这种私人感情带入到公事当中去。

在工作中，我们可能会出现这样的情况：有关系比较好的同事找到我们，希望我们能够利用职权之便对他进行通融，为他开个“后门”，为他解决工作上的困难；在我们的私事与公事产生冲突时，利用与领导较好的关系，优先去处理自己的私事；在相互的合作中，我们会为职场中那些与我们关系更近或者是我们喜欢的人更加努力地去做更多的事情，而给与我们发生过冲突或是我们讨厌的人设置重重障碍。这些情况其实都是将公私混为一谈的典型，这样做可以说是有百害而无一利的。

某市公安局举行着一个特殊的会议。会议上,公安局局长就该局30余名民警的子女顺利考入一本大学一事进行了嘉奖,拿出了公款93000元作为助学基金发放给了这些民警。局长认为,民警们平时工作辛苦,没有时间顾家,此次子女考入大学应当予以一定的嘉奖来补偿与自己工作多年的同事们。这一举措看起来充满了人情味,但是真的应该这样做吗?

这件事情不胫而走,引起了社会群众的极大反响。很多人都说:"公安局福利太好了吧!""我只想知道这些钱是哪来的?""纳税人的钱怎么能用来进行这种奖励?"质疑声此起彼伏,上级也介入进行了调查。最终,由于公安局长擅自挪用公款对自己的部下进行奖励,被予以撤职。

公安局长奖励部下,体恤民警辛苦这本来是好心,然而好心却办了错事,导致自己最终被撤职。其实公安局长就是犯了一个非常致命的错误,将公事和私人感情混为了一谈。他认为自己的下属非常辛苦,民警家庭也非常不容易,希望能够在他们的子女步入高等学府的时候予以一定的帮助。然而,他的这种对下属的感情却是属于私人感情,而进行嘉奖则应该是公事公办,通过审批手续向上级汇报,最终才能决定是否可以发放这笔奖金。

张璐是一家外企的企划部主管,工作努力的她一直受到领导的器重。然而,她却有一个小毛病,那就是凡事喜欢与人争出个对错,并且经常因此而与下属吵架。有一次,她的一个下属在公司集体大会的时候,提出了她的一些问题,于是她在大会上当着所有领导和同事的面与那个人发生了激烈的争执。

事后,领导对她的这一行为进行了严厉的批评,可她非但没有从自身寻找原因,反而认为是自己的下属故意让她出丑。于是,她伺机开始了自己的报复行动。

在这件事之后,凡是这个下属提交的策划案,她都会百般刁难,有些策划案甚至要修改数十遍她才会勉强通过。除此之外,她故意不让这个同事参与到公司的重大策划工作中,并对其他下属说:"这个人能力很差,不能委以重任。"

最后,她的这个下属难以忍受她的行为,以匿名的方式向董事会进行了举报。经过董事会的调查,认为情况属实,于是认为她不具备做公司高层管理的素质,随即将她撤职。

张璐的行为属于将公私混为一谈的另一种情况。她依照个人的喜好对自己的下属进行评判,并且将对下属的憎恨带到了公事中,在工作中无视企业的利益故意刁难下属。且不说她的胸襟之小根本不适合做高层主管,这种将私人感情与公事混为一谈的行为本身也是非常不负责任的。因此,董事会才会对她进行了撤职处理,因为任何企业都不会让一个以自己私人感情为重的人担任重要的领导职务。

可见,将自己的私人感情带到公事中是非常危险的。如果我们让自己的感情左右自己进行工作,那么就会蒙蔽自己的双眼,让自己无视规矩,无视企业、单位、同事的利益,甚至忘记法律法规。

将公私混为一谈在职场中是非常致命的错误,这是职场的禁区,绝对不能踏足。公私不分会让你的同事、领导认为你不够成熟,总是意气用事,更甚至他们会觉得你利用职务之便,徇私牟利。一旦让身边的同事、领导认为你把私人感情看得比公事更重要,他们就会失去对你的信任。你便会在职场中举步维艰。

4.

背后说坏话是小人行径

自古以来，在背后说人坏话都会被认为是小人行径。正所谓：当人说坏话，背人说好话，就是让我们在指责别人时应当当着当事人的面，而说别人好话时则应该悄悄地背着当事人说。然而，在职场中我们不难发现，有不少的人都喜欢在背后议论别人，而这些议论多半都是带有攻击性的语言。

有的人可能认为，背后说别人的坏话能够很好地攻击自己不喜欢的人，让其他人都疏远他，这样就达到了自己的目的。然而实际上，最后被疏远的一定是总在背后说人坏话的那个人，因为没有人会愿意与一个小人成为朋友。因此，一定要认识到背后说人坏话对你造成的不良影响，要杜绝这种行为的发生。

其实在职场中，更为普遍的情况是这样的：我们并没有故意地去在背后说人坏话，只是在与他人交流时不经意地以抱怨的形式说了其他同事、领导一些不好的方面。但是，这其实也是非常危险的。在职场中，没有不透风的墙，你说的话最终一定会传到当事人的耳朵里，这就会造成非常不好的结果。因为自己一时言语上的不恰当和疏忽导致你在职场中的人缘越来越不好，相比于故意去说别人的坏话就显得更加不值当了。

赵莉在一家大型民营企业的人力资源部工作，由于她的工作性质，她会接触到单位中大部分的人，因此总是能了解到一些单位同事的习惯和小秘密。但是，赵莉却有一个非常不好的习惯——喜欢在背后议论别人，传别人的闲话。

她经常会跟自己比较要好的一些同事去说单位其他员工的毛病，别人跟她说的一些小秘密她也毫无保留地全盘托出。很快地，大家就都知道了她是一个“长舌妇”。渐渐地，本来与她关系非常好的同事也与她产生了隔阂，不敢跟她聊天，生怕哪天自己也成为她口中的“牺牲品”。

赵莉的朋友越来越少，为了改变这种局面，她变本加厉地“爆料”其他同事的事情，但是却发现自己越来越不招人待见。后来单位的领导知道了她的这种行为，与她进行了一次深度的交谈，赵莉才终于意识到了自己的错误。然而为时已晚，她在背后说人坏话的印象已经深入人心，没有人再敢与她深交。

赵莉的行为让她的同事认为她是那种揭他人之短、传他人之私的“长舌头”或“大嘴巴”，搬弄是非是她的拿手好戏，因此都渐渐对她心生厌恶。从精神分析理论来看，乱嚼舌根与谩骂他人的心理基础类似，是一种“杀人不见血”的攻击行为，必定会导致他人的疏远和厌恶。

嚼舌者常常有意无意地给自己披上冠冕堂皇的外衣。常常会借口“给你提个醒儿”，告诉你某某曾说过你的坏话，某某心术不正。他们很难设身处地为别人着想，不能对受伤害者产生同情，却往往以他人的痛苦和不幸为乐，借此衬托只有自己才是有道德和正义感的。

尽管听众不少，背后说人坏话者仍然很难找到真正的朋友。即使获得友谊，也是浅层浮面的。不仅如此，许多人听完这种人在背后对他人的指责和闲话后，会生怕自己也成为此人所咀嚼的“猛料”，从而对其退避三舍。凡是有点儿头脑的人，自然而然地这么想：这次你在我面前说别人的坏话，下次你就有可能在别人面前说我的坏话。这样一来，你在别人的印象中就不可能好到哪里去。

因此，在职场中切勿背后说人坏话。如果别人有缺点或者不足，我们可以当面指出。千万不要当面不说，背后瞎说。这种人不但会被当事人所厌恶，也会被听的人讨厌。这种情况如果持续下去就会让你在职场中名声很臭，进而大大影响我们的工作和事业的发展。

5."八卦"让你被疏远

好奇心人人都会有，但是过分的好奇心，尤其是对别人隐私所产生的好奇心便会让别人觉得你十分"八卦"。尽管"八卦"并不是什么多大的缺点，也并没有多少贬义的成分，我们与好友之间开玩笑也经常会说某某人太"八卦"了。然而在职场中，"八卦"则是一种非常让人讨厌的小陋习。

相比于朋友，同事之间的关系更加微妙。职场中的同事可能是与我们相处时间最长的人，然而却又不像朋友那样亲近。并不是说职场中就没有朋友，而是职场上的朋友与我们生活中的朋友在相处上是有区别的。职场就像一个看不见的战场，每个人都有着较强的危机感。各种利益的驱使让每一个人都不得不有"防人之心"。因此，"八卦"在职场中就成为了被大家所讨厌的一种陋习。试想，谁愿意在职场中冒险透露自己的秘密呢？这些秘密一旦泄露出去很有可能成为自己竞争对手或是其他与自己关系不好的同事的把柄。所以，八卦的人在职场中很容易被人疏远，没有人敢与这样的同事交往过密。

能干的小雪刚参加工作时跟同事出奇地友好，每天一块儿上班干活，中午一起到食堂吃饭，晚上一起泡吧、打保龄、蹦迪。小雪觉得，既然是朋友就要无话不谈，所以当同事们在一起的时候，小雪经常会好奇地询问一些其他同事的隐私或者是公司内的"八卦新闻"，比如谁和谁传出了绯闻，谁有什么奇怪的嗜好等等，她也保证自己绝对不会去把这些话告诉别人。可是，没多久，小雪发现大家对她的态度好像有明显的变化，有的对小雪怒目而视，有的偷偷在领导跟前给她打小报告，有的干脆以牙还牙当面就数落小雪。

小雪惊诧、愤怒，自己有什么做错的吗？为什么同事一夜之间就远离自己了呢？

小雪的案例就是由于没有在意自己爱“八卦”的小毛病，这个小毛病虽然在平时看起来无足轻重，可是一旦带入到职场中，就碰触了职场的禁区。她总是去打听别人的隐私，这就会让其他同事或多或少地怀疑她是否有什么阴谋，是不是想要抓住别人的把柄让自己在职场中处于更加有利的地位。即使她答应保守秘密，但是世间没有不透风的墙，秘密一旦分享就有被泄露的可能性，因此大家都渐渐疏远了她，并且一旦出现了某些与自己相关的谣传，都会首先想到“八卦”的小雪是不是罪魁祸首。

可见，“八卦”在职场中是非常可怕的陋习，它不但会让同事们对你反感，还有可能引火烧身，让本来与自己毫无关系的事情都与自己扯上干系。

在职场中，我们除了要严于律已，不去八卦别人，在其他同事议论、“八卦”一些事情时，也尽量不要参与，或是即使参与也不发表议论。办公室职员八卦流言几乎是一种普遍存在的情况。优秀者难免会受大部分平庸者的打击和排挤，而“八卦”正是平庸者惯用的招式之一。因此，如果我们跟着那些平庸者一起去“八卦”别人，最终也只会让自己越来越平庸，越来越被优秀的同事所疏远。

众所周知，“八卦”是很多流言的根源，而在职场中传播流言可以说是大忌。流言蜚语会严重地破坏职场应有的秩序和同事之间融洽的氛围，是企业和企业领导最为在意的。如果我们成为了传播流言的一分子，被同事们疏远是轻，如果被单位领导发现，那一定会对我们的职场前途造成毁灭性的打击，没有一个领导会重用整天传播流言蜚语的员工。

因此，远离“八卦”，改掉“八卦”的小陋习至关重要。因为它是让我们引火烧身的罪魁，是让我们无心工作的元凶，是我们在职场中迈向成功的一大“杀手”。

6. 面对工作“得过且过”

工作对于我们这些在职场中拼搏的人意味着什么？我想不用再多说什么了。作为职场中的一员，工作不但是我们安身立命的根本，更是给了我们一个挑战自己，不断进步，不断完善自我的机会。而有些人对这个对我们如此重要的工作，却以一种“得过且过”的方式去完成它，这可以说是职场中的一大陋习，也是阻碍很多人走得更远的巨大障碍。

你可能会这样想：我努力工作，却让老板挣到了大部分的钱，我何必那么努力地拼搏，不如凑凑合合完成工作，蒙混过关拿到报酬就可以了；你可能会这样想：我工作完成得再好，做得再多，又不能比别的同事挣得更多，我何必如此认真仔细，能糊弄过领导就可以了；你可能会这样想：工作做得再好，也不会让我当领导、做主管，工作越认真越吃亏，越被领导当“傻子”用，干吗要做得更多。

这些实际上都是一种“得过且过”的想法，这些想法会让我们对待工作时变得消极，每天只是被动地完成最低限度的事情，这是非常影响我们在职场中发展的一种陋习。如果我们对待工作“得过且过”，那么一定没有成为高层管理者的可能。因为，做别人看不到的事情，做别人不愿意做的事情，做比别人更多的事情是一个管理者必备的素质；如果我们对待工作“得过且过”，那么将很难在工作中提升自己，充实自己。因为，我们只有全身心地投入到工作中去，想得、做得比别人更多、更全面，才能够获得更大的收获，才能更好地完善和提升自己的能力。

徐朝大学毕业参加工作快一年了，由于是本科，实习期为一年，还有两个月就要转正，同一个办公室的也都是刚参加工作的新人，然而徐朝却是其中最为出色的。他工作能力方面很突出，得到许多领导的赏识,他的主任更是把办公室内部的事情都交给他管理,要求其他人配合他的工作。徐朝做事效率很高,作风比较硬朗,考虑事情也比较周到,把办公室内部的事情处理得很好,其他人只是听从主任的吩咐,没事情的时候就在办公室打打闹闹,完全不考虑其他的事情。每次,当他把办公室的事情分派给同事做的时候,同事们都很不情愿,心里也很不服气,逐渐地,他对他们在办公室嬉闹的事情感到反感,但又不能当面说,同事们也在排斥他,彼此间的感情也没有以前好了。

他为此感到很烦心,不知道是该继续把办公室的事情处理好,凡事劳心劳力,还是什么都别干了,像其他人一样混日子?他每个月拿到的工资与其他同事一样,而干得却比其他同事都多,还受到了他们的排挤,他不知道这一切是否值得。可是他依旧坚持,直到实习期结束。

实习期结束的这天,主任来到了办公室,对徐朝说:“总经理希望与你谈一谈,去一趟总经理办公室吧。”来到了总经理办公室,徐朝万万没有想到,总经理对他进行了极力赞扬,并任命他为总经理助理。至此,他非常庆幸,当初坚持了自我,没有选择“得过且过”的工作方式,最终脱颖而出。

徐朝如果在最初选择了与其他人一样“得过且过”的工作方式,最终很可能与他们一样,沦为一个平庸的普通员工,随时面临着被单位裁员的危机。事实证明,只有做得认真,做得更多的人才值得拥有更好的机会。如果我们对待工作“得过且过”,那么我们错失的不仅仅是提升自己、锻炼自己的机会,更有可能与领导的赏识失之交臂,亲手拆掉了向更高层不断攀爬的阶梯。

在职场中,“得过且过”的工作方式看似是一种“聪明人”的做法。这样不但能够完成最低限度的工作任务,拿到报酬,还能够既省心又省力,付出的最少得到的最多,看似是“极具性价比”的一种做法。然而实际上,这是一种“傻子”的做法。因为单位、领导、同事人人都能够看到其他人的工作态度和工作能力，这样做只是在骗自己。如果你比别人做得更细心、更努力，甚至做了许多本不属于我们工作范畴的事情，就会让我们在别人眼中成为一个值得信任、值得依靠的人。而如果你对待任何工作都“得过且过”，就只会被当做有“小聪明”的人，这样的人是绝对无法获得领导和同事的信任的，更别说是升职或是加薪了。

如果你想要在职场中走得更稳，走得更远，就不要总是“得过且过”。你“过”的不是麻烦、辛劳、枯燥，你“过”的是一次次的难得的良机，一个个领导的青睐。

7. 目中无人狂妄自大只会让人反感

不知我们是否听过这样一句话：敬为人德之门，傲为聚恶之府。这句话的意思就是说只有当我们学会尊重他人、虚心接受他人的意见和建议时，我们才能跨入让人钦佩、仰慕的大门；反之，如果我们狂妄自大、傲气十足，只能够让别人厌恶、反感。

在工作中，我们可能会获得一些成绩，在某些方面做得非常出色，从而受到领导的赏识。这些情况一方面给我们带来了自信、开心等积极的情绪，但同时也可能让我们变得自满、狂妄，这是我们一定要警惕的。记住，在任何时候，我们都没有理由目中无人，没有理由狂妄自大。山外有山，人外有人，要明白自己绝对不可能凌驾于所有人之上。可能我们会一时得意，但是如果狂妄自大、目中无人，一定会摔一个大大的跟头。与其让现实的阵痛来惊醒我们，不如防微杜渐，在平时就与狂妄、骄傲绝缘，成为一个谦虚的人。

蜀后主建兴六年(公元228年)诸葛亮为实现统一大业,发动了一场北伐曹魏的战争。他命令赵云、邓芝为疑军,占据箕谷(今陕西汉中市北),亲自率10万大军,突袭魏军据守的祁山(今甘肃),任命参军马谡为前锋,镇守战略要地街亭(今甘肃秦安县东北)。临行前,诸葛亮再三嘱咐马谡:"街亭虽小,关系重大。它是通往汉中的咽喉。如果失掉街亭,我军必败。"并具体指示让他"靠山近水安营扎寨,谨慎小心,不得有误"。

马谡到达街亭后,不按诸葛亮的指令依山傍水部署兵力,却骄傲轻敌,自作主张地想将大军部署在远离水源的街亭山上。当时,副将王平提出:"街亭一无水源,二无粮道,若魏军围困街亭,切断水源,断绝粮道,蜀军则不战自溃。请主将遵令履法,依山傍水,巧布精兵。"马谡不但不听劝阻,反而自信地说:"马谡通晓兵法,世人皆知,连丞相有时也得请教于我,而你王平生于戎旅,手不能书,知何兵法?"接着又洋洋自得地说:"居高临下,势如破竹,置死地而后生,这是兵家常识,我将大军布于山上,使之绝无反顾,这正是制胜之秘诀。"王平再次谏阻:"如此布兵危险。"马谡见王平不服,便火冒三丈地说:"丞相委任我为主将,部队指挥我负全责。如若兵败,我甘愿革职斩首,绝不怨怒于你。"王平再次义正词严:"我对主将负责,对丞相负责,对后主负责,对蜀国百姓负责,最后恳请你遵循丞相指令,依山傍水布兵。"马谡却固执己见,将大军布于山上。

魏明帝曹睿得知了蜀将马谡占领街亭,立即派骁勇善战,曾多次与蜀军交锋的张郃领兵抗击,张郃进军街亭,侦察到马谡舍水上山,心中大喜,立即挥兵切断水源,掐断粮道,将马谡部队围困于山上,然后纵火烧山。蜀军饥渴难忍,军心涣散,不战自乱。结果,张命令军队乘势进攻,蜀军大败。正是由于马谡失守街亭,才导致战局骤变,迫使诸葛亮退回汉中。

回到汉中后,马谡由于自己的狂妄自大付出了代价,依照军法被斩首示众。

在史书记载中，马谡可谓是难得的将才，绝对不是平庸之辈，然而为何遭到如此惨败？正是由于他自恃有才，目中无人、狂妄自大，没有听从他人的计策和劝诫，刚愎自用，最终导致整个战争的失利，自己也落得个身首异处的下场。

职场中虽不比战场上生死瞬息万变，然而在这个“没有硝烟的战场”中，狂妄自大、目中无人也是要极力避免的。在职场中，如果你因为一些小小的成绩就变得自大，对一些简单的事情掉以轻心，那么就可能会毁掉你在领导、同事心目中的形象。并且，随着狂妄自大一起跟来的还有它的好“朋友”目中无人。如果你取得了一点儿成绩就认为自己非常了不起，那么就会变得把同事甚至领导都不放在眼里，认为自己才是职场中的“王者”。这种想法会让身边的人感到非常厌烦，而且谁会喜欢跟一个不把自己当回事儿的人做朋友呢？

长久的狂妄自大和目中无人会让我们在职场中被认为是一个只会夸夸其谈、非常肤浅的人，是不值得信任、不值得培养的人。这样下去是不可能做职场中的“王者”的，倒是可能做职场中的“亡者”。

8. 迟到让你变得“不靠谱”

迟到对于很多人来说可能是“家常便饭”，可能有人会认为迟到并不是什么大不了的事情，算不上职场禁区吧？可是事实恰巧相反，这个看似不起眼的小错误却可能拖住我们在职场中前行的脚步，让我们离成功越来越远。

在生活中，你和朋友出去，和家人出去，和伴侣出去都有可能会由于种种原因而出现迟到的情况，而大家也多一笑了之。然而在职场中，如果你频频迟到，那么职场就要对你亮起红灯了。在工作中，经常迟到会让领导、同事认为你这个人做事不够严谨，严重的话有可能会被人认为是“不靠谱”。一个连最起码的守时都做不到的人，又有谁会放心将重要的事情托付给你呢？

如果是偶尔的迟到，一定要尽量在之后避免；而如果已经将迟到当做一种习惯，那就需要你警惕和重视了。可能你的迟到并没有对单位，对其他人带来什么损失，然而却会给你自己带来无法挽回的损失。

那年她刚从大学毕业，分配在一个离家较远的公司上班。每天清晨7时，公司的专车会准时等候在一个地方接送她和她的同事们。

一个骤然寒冷的清晨，她在关闭了闹钟尖锐的铃声后，又稍微懒了一会儿暖被窝——像在学校的时候一样。她尽可能最大限度地拖延一些时光，用来怀念以往不必为生活奔波的寒假日子。那一个清晨，她比平时迟了五分钟起床。可是就是这区区五分钟却让她付出了代价。

那天当她匆忙中奔到专车等候的地点时，到达时间已是7点05分。班车开走了。站在空荡荡的马路边，她茫然若失。一种无助和受挫的感觉第一次向她袭来。

就在她懊悔沮丧的时候，突然看到了公司的那辆蓝色轿车停在不远处的一幢大楼前。她想起了曾有同事指给她看过那是上司的车，她想真是天无绝人之路。她向那车走去，在稍稍一犹豫后打开车门悄悄地坐了进去，并为自己的聪明而得意。

为上司开车的是一位慈祥温和的老司机。他从反光镜里已看她多时了。这时，他转过头来对她说：“你不应该坐这车。”

“可是我的运气真好。”她如释重负地说。

这时，她的上司拿着公文包飞快地走来。待他在前面习惯的位置上坐定后，她才告诉他的上司说：“班车开走了，想搭你的车子。”她以为这一切合情合理，因此说话的语气充满了轻松随意。

上司愣了一下，但很快明白了一切，他坚决地说："不行，你没有资格坐这车。"然后用无可辩驳的语气命令："请你下去！"

她一下子愣住了——这不仅是因为从小到大还没有谁对她这样严厉过，还因为在这之前她没有想过坐这车是需要一种身份的。当时就凭这两条，以她过去的个性是定会重重地关上车门以显示她对小车的不屑一顾尔后拂袖而去的。可是那一刻，她想起了迟到在公司的制度里将对她意味着什么，而且她那时非常看中这份工作。于是，一向聪明伶俐但缺乏生活经验的她变得从来没有过的软弱。她近乎用乞求的语气对上司说："我会迟到的。"

"迟到是你自己的事。"上司冷淡的语气里没有一丝一毫的回旋余地。

她把求助的目光投向司机。可是老司机看着前方一言不发。委屈的泪水终于在她的眼眶里打转。然后，她在绝望之余为他们的不近人情而固执地陷入了沉默的对抗中。

他们在车上僵持了一会儿。最后，让她没有想到的是，他的上司打开车门走了出去。

坐在车后座的她，目瞪口呆地看着有些年迈的上司拿着公文包向前走去。他在凛冽的寒风中拦下了一辆出租车，飞驰而去。泪水终于顺着她的脸流淌下来。

她的上司之所以如此严厉地对待她的迟到，甚至一点儿通融的余地都没有，就是因为她的上司知道迟到是一件多么让人痛恨的陋习，它会对一个人的前途产生深远的影响。因此为了让她重视起来，才如此严厉。并且，她的上司由于她耽误了自己准时上班，果断选择了坐计程车来避免迟到，为她做了很好的表率。不管出现什么情况，我们总能以某些方法避免迟到，关键在于我们是否想准时到达。

为什么我们要对迟到如此重视？这个不起眼的小陋习的危害确实

很大。

首先，迟到很容易影响你在他人心目中的形象。

迟到可以大体分为两种，主观的和客观的。所谓主观的迟到就是说这迟到已经成为了他的习惯，迟到已经成为了他的代名词。而客观的迟到是因为受到外界的影响而难得地有一次迟到，不可规避性稍微地大一点儿。对于客观的迟到，大多数人还都表示可以谅解，只要你提前和大家打一个招呼，如果真的是属于特殊情况，那自然也不怪你。但是如果你是一而再再而三的迟到，大家就会觉得你这个人不守时，严重点儿讲叫做缺乏素养。上班不守时、完成工作不守时，不管做什么总是迟到的你是会深受其害的，因为很多单位对于不守时的行为是不可以容忍的，这一类人也是得不到大家的尊重的。

其次，迟到还会影响到守时的人，形成群体效应。

如果在一个团队或是一家单位中，有人总是迟到，总是让所有人都等他，并且又不会受到太过严厉的惩罚，慢慢大家就都会养成迟到的习惯。如果守时的人总是要等待不守时的人，他们也会渐渐失去守时的动力。所以，不守时的人最后也同样会面临他人不守时的情况，形成一种恶性循环。因此，单位通常对于迟到都有着严格的控制和严厉的惩罚，就是为了避免迟到的群体效应发生。

拒绝迟到，让自己像时钟一样“精确”，这样不仅仅是为了我们自己的形象，也是为了整个职场的大环境。我们给别人一个守时的“靠谱”形象，他人在与我们共事时也会被感染，变得守时，利人利己，何乐不为？

第二章

警惕：

错误观念使职场之路举步维艰

1.公司得失与我无关

在职场中拼搏的我们，最在乎的无外乎是自己的前程和收入。这是人之常情，无可厚非。然而，如果将自己的利益无限扩大化而毫不在乎整个企业的得失，事不关己高高挂起，绝对是一种舍本逐末、买椟还珠的错误观念。

企业给了你就业的机会，给了你养家糊口的可能，给了你发展自己事业的平台，企业是你的依托，供给你不断前进的“能源”，怎么可能与你无关。企业的得失往往关乎着每个在企业中工作的员工的得失，上至老板，下至最最普通的员工，无一例外。如果一个企业常年盈利，不断壮大，企业的员工当然也会获得更高的报酬，更好的福利。相反，如果企业连连亏损，面对企业的困难大家都漠不关心，最终也会反应到身在企业的每一个人身上。

有时候工作会让一个人付出很多，而这些付出所创造的业绩也是最好的回报。而有些人不愿意将更多的努力用在工作上，他们不肯为工作牺牲一点儿私人利益，他们将工作时间与私人时间分得十分清楚，认为大可不必为了公司的得失而努力。并且认为即使努力了也不一定能让领导注意到，也不会得到相应的回报，所以他们形成了一种观念，公司得失与我无关。这类员工往往无法赢得领导满意。究其原因在于他们从不为企业着想，过于自私，而并不是不能引起老板的注意。

春秋战国时期，齐桓公从莒国回到齐国之后，坚持要让当时

的鲍叔牙做自己的宰相辅佐自己称霸，但是鲍叔牙却认为自己没有那个能力，并且还向齐桓公推荐管仲为相。当时齐桓公由于管仲曾经射了他一箭而对其耿耿于怀，于是对鲍叔牙说："当初管仲亲自用箭射我，箭上带钩，差点儿要了我性命，如今还要我任其为相，这可行吗？"鲍叔牙向齐桓公列举了管仲的很多优点，最终齐桓公释怀了，并且答应赦免管仲，让他从鲁国回到齐国。

回到齐国之后，齐桓公履行先前的承诺，让管仲为宰相，而鲍叔牙却甘愿屈居于管仲之下。齐桓公一直将鲍叔牙当成自己的老师一样尊重，有任何国家大事都要找鲍叔牙来商议。而管仲也自然没有辜负鲍叔牙的用心，在治国安邦方面展现出了出色的才华，齐国也因他的付出而日益强大。最终，管仲辅佐齐桓公成为了春秋五霸之首。

人尽皆知，管仲是齐国称霸的功臣，然而鲍叔牙在其中也功不可没。假如鲍叔牙只是计较个人利益，没有正确的大局观，那么齐国称霸的梦想最终也只能是海市蜃楼。而鲍叔牙这种无私的精神，在让齐国称霸的同时，也让自己获得了丰厚的回报以及无数的赞誉和美名。

企业与员工的关系恰恰也是如此，员工如果能够将企业的得失放在第一位，那么必然能够做出更具有战略意义的决定，从而让企业越来越好。企业也终究不会忘记这样的优秀员工，会以丰厚的回报作为奖励。而那些只为自己利益努力，完全忽视企业得失的人，无疑是企业中的蛀虫和隐患，很有可能由于这些人会导致企业遭受莫大的损失。而企业亏损，个人的回报和发展也就无从谈起，覆巢之下岂有完卵？即使企业没有受到损失，甚至是有了长足的进步，这种人也绝对不会获得回报，因为他们没有一颗愿为企业付出的心。

企业赏识一个员工，不仅是看他的工作能力，更重要的是看他的品质，而无私无疑是其中重要的一个方面。鲍叔牙如果没有奉献精神或是太计较自己得失的话，也就不会有管仲，而没有管仲，自然也就不会有齐桓公的霸主地位。因此,企业与员工之间的关系是环环相扣的。任何一个环节都非常重要,所以企业为了能够变得更加强大会重用那些无私奉献于它的人,逐渐淘汰那些有着自私观念的人。

2. 做好人只能"为人鱼肉"

当前的社会中,竞争可谓越来越激烈,甚至有时要拼个你死我活。在职场中,这种情况更是被体现得淋漓尽致。这种大环境让人开始变得以自我为中心,逐渐摒弃那些优秀的品质,变得不择手段。甚至有人发出感叹:"现在做人真难,做好人更难!""这年头做好人只能任人宰割!"

正是在这种做好人只能"为人鱼肉"的观念下,越来越多在职场中拼搏的人选择去做一个"坏人"。可是真的是这样吗?坏人在职场中就能够无往而不利么?答案当然是否定的。俗话说:光看见贼吃肉,没看见贼挨打。做"坏人"虽然能够得一时之利,但是长此以往,我们付出的代价也是触目惊心的。做"坏人"每天都要费尽心机,每天要承受良心的谴责,每天会因为把他人都当做"敌人"而备受煎熬。这种精神上的折磨会让我们逐渐走上歪路,成为真正的坏人,甚至走向犯罪。

总有人说:"现实告诉了我,做好人没有好下场。"那么,也让一则现实故事来告诉你们,做好人并不是"任人宰割"。

市场竞争实在太激烈,潘好的公司已经濒临破产,他一连谈了几家有收购意向的大公司,对方报出的价格都很低,眼看写字楼的房租一天天到期,潘好只得选择了报价最高的那家公司,签署了转让协议。收购公司的老总丢下一张支票,就大摇大摆地走了。潘好望着那张支票，欲哭无泪，这点儿钱，只是他当初投资的三分之一还不到呀！

这几天里，员工已经陆陆续续走了，还剩下几个，等着潘好把公司卖出后给他们结算工资。

一会儿，潘好招呼了一个员工，他叫聂小阳，潘好把支票递到他手上说："小聂，你帮我跑一趟吧，到银行把支票上的钱取了，回来把工资发掉。"聂小阳一愣，好像要说什么，但又什么也没说，拿着支票出去了。

一小时后，聂小阳回来了，潘好发了工资，送走了员工，独自在办公室里发了一会儿呆，便也起身准备离开。

就在潘好路过外面的员工办公区时，忽然听到"噼噼啪啪"的声响，谁还没走呢？潘好循声望去，只见一个格子间里有人影晃动，走过去一看，是聂小阳，他正在电脑前捣弄着什么。

潘好问他在做什么，他平静地说："我把电脑清理一下。"

"哦，好吧。"潘好心想，他肯定是在清理自己的东西，就由他去吧。潘好一边走，一边回头还说了一句："走时把门锁好，明天人家要来清点东西。"

聂小阳答应了一声，潘好就走了。外面正在下雨，潘好没带伞，只得找了一家小饭馆，一个人喝起了闷酒，喝得昏昏沉沉的，回家倒头就睡了。

第二天，等潘好睁开眼，已经是下午2点了，他惊得一下子从床上跳起来，昨天跟那家收购公司谈好了，今天早上9点要办理公司物品、财务交接的事，他居然爽约未到，这可怎么好？

潘好火速赶到公司，公司的大门开着，里面静悄悄的，他走进去一看，惊异地发现，整个公司已经是旧貌换新颜，虽然大件东西都没变，但所有物件都摆放得整整齐齐，窗子擦得明亮如新，地板拖得干干净净。潘好心想，真不愧是大公司，办事就是有速度、有效率。

就在这时，一个声音传了过来："老板，我正要去叫你呢。"

潘好一看,格子间那头站起了聂小阳,他满脸欣喜,说:“老板,我们有救了! 刚才那家公司的老总说,我们公司就算是他的子公司,一切不变,老班底,老领导,还请你回来做老板,他们会注入资金的。”

潘好一听,大吃一惊:“什么? 这不可能吧?”

聂小阳肯定地说:“是的,我正在做策划书呢。”潘好觉得跟做梦似的,他将信将疑。

正在这时,外面传来一阵匆匆的脚步声,那家收购公司的老总跨进门来,他一见潘好,就大步上前,紧紧握住了潘好的手,有些激动地说:“我在商海混了三十多年,收购过无数家公司,但像你们这样的公司还是第一次遇到!”说着,他伸手一指,说:“我早上过来一看,整个公司窗明几净、一尘不染,连所有的电脑都清理得干干净净,这样高素质的公司令我震惊,这是你领导有方啊! 我请求你能留下来,我给你年薪 50 万元!”

潘好当时就傻了,什么话也说不出来,潘好的公司,经营最好的时候,一年也赚不到 50 万元啊……听那老总话里的意思,公司不是他们整理的,那会是谁打扫的呢?

老总对潘好说:“你先做一份策划,我们明天就开个会研究,怎么样?”

潘好连连点头,老总走后,他看了看聂小阳,心里明白了,他走上前去,问:“快跟我说说,到底是怎么回事?”

聂小阳的脸红了一下,说:“其实也没什么”

原来,昨天刚开始时,聂小阳也只是把自己的办公桌和电脑清理了一下,可后来看看屋里实在太乱了,就动手把整个公司都清扫了一遍。这样一直忙到了深夜,他也没回去,就和衣在办公室里躺了一夜。醒来后还舍不得走,想再跟潘好见上一面,说几句道别的话,可没把潘好等来,却等来了收购公司的老总。老总一进门就赞叹不绝,可聂小阳没有独占功劳,说是潘好和自己一起干的。

听完这一切，潘好紧握着聂小阳的手："谢谢你，你帮了我的大忙呀！"

"不，是老板您帮了我！"聂小阳忽然泪流满面，"您不知道吧，我在学校时曾因为偷东西被开除，后来为了找工作，我就弄了张假文凭，可到处都被识破，是您收留了我，您不在意我的文凭，只看重我的能力。我平时听同事们说，您是个好老板，无论公司再困难、资金再紧缺，您也从不拖欠员工一分钱。公司倒闭前，您曾把所有员工的资料一起递交给收购公司，希望能让我们继续留下来工作，不至于失业。还有，您还记得昨天吗？您把十多万的支票交给我这个仅仅工作了两个月的员工，您就不怕我跑了吗？就是冲着这份信任，我甘愿为老板您做任何事啊！"

"这都是我应该做到的，"潘好沉思着，"因为我们都会选择做个好人……"

没错，因为他们都选择了做一个好人，正是这一点让他们都得到了应得的回报。假如潘好没有信任聂小阳，假如聂小阳拿着那张现金支票一走了之，假如……但是这一切都没有发生，他们都选择了一个我们想做却都不敢做的"角色"——好人。正是这个选择让一切峰回路转，让一切又有了希望。

你还能说好人只能"为人鱼肉"么？的确，做"坏人"是能得到眼前的利益，是能够获得看似与付出成正比的回报，但是当我们回过头来看时，除了这一点可怜的东西，我们又为自己留下了什么？做好人看似不值得，看似只能任人摆布毫无还手之力，看似永远也无法获得与付出相应的回报，然而好人却获得了人生最最宝贵的财富。这份财富可能在当时无法给予你帮助，但在危难关头它必将是你最忠实、最坚强的后盾。

你还想做一个"坏人"么？

3.

“挣钱”是工作的唯一目的

现今的社会物欲横流，市场经济给人们带来了进步，也带来了问题。进步在经济条件上，问题在道德素养上。在越来越多的观念里，“挣钱”成为了工作的唯一目的。他们不再热爱工作，而只是将工作当成挣钱的工具而已。“挣钱”这个念头无可厚非，工作最主要的目的就是养家糊口。然而，真的就把“挣钱”当做工作的唯一目的么？

据调查，我们眼中的有钱人、企业高管、老板，他们除了具有更强的能力、更好的天资外，与普通人最大的区别就是他们全身心地热爱自己的工作。不要认为这只是他们在成功后为自己立的“贞节牌坊”。仔细想想，如果你认为自己工作只是为了挣钱，从不热爱自己的工作而是“唯利是图”，你又怎能把工作做到最好。连一个普通员工的工作都做不到最好，又如何能够成为管理者，成为老板。

其实，在职场中很多人并不是不具有成为管理者、老板的能力，而是被“唯利是图”的错误观念挡住了前行的路。如果你认为“挣钱”是工作的唯一目的，就会让“钱”成为指导你前进方向的路标，这样就会让我们的目光变得短浅。让“钱”蒙住眼睛走路，我们又怎能不“原地打转”。

除此之外，如果我们仅仅是以“挣钱”作为工作的唯一目的，我们会逐渐感觉内心越来越空虚，因为我们体会不到工作为我们带来的精神上的充实，这种空虚相比于没有钱带来的“贫穷”更加可怕，一个人物质基础再匮乏也能够生存，但是一个人一旦精神基础变得匮乏他就会逐渐崩溃。

一个人死后，在去阎罗殿的路上，遇到一座金碧辉煌的宫殿。宫殿的主人请他留下来居住。这个人说：“我在人世间辛辛苦苦地忙碌了一辈子也没有挣到很多钱，现在只想有用不完的钱,我讨厌工作,只想吃喝玩乐。”主人对他说:“如果你这样想,我这里最适合不过了,我这里有山珍海味,你想吃什么就吃什么,不会有人来阻止你;我这里有舒服的床,你想睡多久就睡多久,不会有人来打扰你。而且,我保证你不需要做任何事情就有享不尽的荣华富贵。”于是,这个人就住了下来,他天天就是吃了睡,睡了吃,在金银珠宝中沉迷。刚开始,他感到非常快乐。但渐渐地,他觉得有些寂寞和无聊了,于是他去见宫殿主人。找到主人后,他抱怨道:“这种每天什么都不用做的日子,过久了才发现没有意思,你能不能为我找份工作呢?”主人却说:“实在抱歉,我们这里从来没有工作。”

又过了一段日子,这个人实在受不了无聊的折磨了,他又去见主人:“这种日子我受够了,我宁愿下地狱,也不愿意待在这里了。”没想到主人竟说:“你以为这里是天堂吗?这里本来就是地狱!”

这虽然是一则故事,但是现实也正是如此。我们来做这样一个假设:把你关在一间小屋子里,什么事也不让你做,只是天天从一个小窗口里给你送钱和食物进来,你能在这样的屋子里活多久?显然这比坐牢还惨,坐牢至少还可以出来“放风”。可见,“挣钱”并不是工作的唯一目的,甚至不是最重要的目的。工作给我们带来的最大益处其实是让我们的生活变得充实,让我们每天都有事可做。唾手可得的东西并不能让我们的精神得到满足,而工作恰恰是让我们通过努力去奔向自己的目标,这才是它的最大意义。

既然工作已经给我们带来了我们最需要的东西,那么我们就应该学会去热爱工作,“唯利是图”的观念只能让我们越陷越深,最终忘记工作的意义。

抛开精神层面,从现实来讲,把“挣钱”当做工作的唯一目的,在职场中也是行不通的。如果我们表现得过于在意利益,就会让同事、领导认为我们只在乎“钱”,做什么事情都是看在“钱”的面子上,这样必将失去身边人的真心。而在职场中打拼,最需要的就是同事、领导发自内心的支持和帮助,相比于金钱,这才是对我们发展最为有用的东西。

如果我们希望在职场中站稳脚跟,在事业上不断进取,那么就不要将"挣钱"看成工作的唯一目的,学会从工作中发现乐趣,通过工作充实自己、磨炼自己,当你忽视"挣钱"这个因素时,你就会发现,"钱"自己找上门来了。

4. 领导绝不会替员工考虑

作为在职场中摸爬滚打的普通员工,领导在你的眼中到底是一个什么样的角色呢?可能有的人会觉得领导是一名能够运筹帷幄的将领,有人会觉得领导是一名碌碌无为的庸才,可能有人会觉得领导是一个永不满足的剥削者。但是,不管如何评判自己的领导,大部分人在潜意识里总是认为领导是企业的代言人,不管做什么样的决策都不会考虑员工的利益。这种思想在很多人心中根深蒂固,这也造就了领导与员工之间矛盾的根源。

而事实上,大部分有才干的领导并不是不为员工考虑的。试想,员工是一家企业得以生存和发展的根本,有能力当领导的人不可能不能清醒地认识到这一点,那么为什么很多人总觉得自己的领导对自己毫不在乎呢?这其实主要是由于领导与员工所站的位置不同,所考虑的事情不同,做事的方式方法不同导致的。

领导在考虑任何事情时,都要从大局观出发,从公司的长远发展和战略决策出发。因此,暂时地牺牲部分员工的利益在所难免,但是这暂时性的牺牲是为了企业中的所有人都能有一个光明的未来。并且,大多数被牺牲利益的员工在将来都能够获得一定的补偿。因此，如果你只是站在自己的立场上，就会觉得领导并不在意你的利益，不会替你考虑。

领导在有些时候也有难言之隐。没有任何决策能够满足所有人的需求，因此领导可能在制定决策时顾此失彼。例如，某项决策有利于公司的董事会成员或是公司高管、精英人才，但是却不得不牺牲底层员工的利益，此时领导为了留住关键职位的人或是保住自己的职位，只能选择牺牲部分下属员工的利益。有些事情并不是你的领导想要这样做，而是他不得不这样做。所以，当他有能力维护你的利益时，他同样也会竭尽所能，有哪个领导不希望自己在员工中有一个崇高的地位呢？

领导做事情需要思虑周全，他要考虑的东西比你多得多。作为员工，我们可能会将眼光仅仅放在自己的利益得失上，因为我们只需要关心这件事。但是领导不同，领导即使希望能够给员工更多的关怀，更大的福利，但他也需要考虑这样做可能带来的负面效应和后果。因此有些在你看来非常容易做到的事情，对于领导可能很难。并不是领导不会替你考虑，而是领导在考虑时发现了阻碍和问题。

李阳是一家刚成立不久的IT公司的员工，由于公司刚刚成立，员工不足20人，规模非常小。然而，这么小规模的公司竟然有着非常严格的保洁制度，要求每个员工负责自己工作区的卫生，必须达到一尘不染的程度，桌面上摆放的东西也需要井然有序。一旦谁的工作区过于“脏乱差”，就会受到老板的批评，这让李阳感到非常不适应。他心里想：这么小的公司有必要这样做吗？领导是不是要求太高了，我每天工作就够忙了，还要打扫卫生，领导根本不会替我考虑一下，他倒是很悠闲。

虽然这样想，但是他却也是敢怒不敢言，每次一早来到单位，依旧按照规定打扫着属于自己的那部分。有一天，他听说公司迎来了一个大客户，是一家门户网站的投资主管，要来公司视察，考虑是否为他们的项目进行投资。但他却根本没有对这件事情抱有希望。他想：领导整天就知道让我们打扫卫生，耽误我们进行软件研发的时间，这种领导决策能有人愿意为我们投资才怪。

在那位投资主管与老板洽谈合作时，李阳发现老板办公室的门并没有关严，于是便在门外偷偷听了起来。

投资主管对老板说："你们的公司规模比我预想的还要小，你们所研发的网络交互技术还在初期阶段，是否能够应用于实际也是个未知数。"听到这里李阳不由得沾沾自喜，他心想：果然被我猜中了，总让员工去打扫卫生，从来不体谅我们的辛苦，我们能有精力加快研发进度么，看来这次合作是没戏了。

但是，紧接着投资主管又说："不过，即使这样，我依旧愿意为你们冒险进行一次投资，因为我从来没有见过像你们这么小的公司可以做到如此的整洁、干净，每个员工的位置都显得井井有条。为这样严谨、一丝不苟的公司和员工进行风险投资，我相信结果不会让我失望。"

出乎所有人也包括李阳的意料，公司顺利地拉来了这家门户网站的资金，由于庞大资金的注入，公司有了一个质的飞跃，很快便一发不可收，从一个仅有20余人的小单位逐渐成为了一家拥有员工100多人的中型企业。李阳也由于出色的工作能力晋升为业务部的主管。

直到这时他才明白，领导的"刻薄"要求是一个多么正确，多么具有远见的决定。正是这个"刻薄"的决定，给所有人带来了从没想过的未来。

李阳的故事很好地诠释了一个道理：领导与我们站在不同的位置上，有时我们觉得领导的决策根本没有考虑员工的利益，然而可能正是这个我们所认为的"刻薄"的决策，为整个公司和全体员工带来了实质性的利益。倘若员工都认为领导不替自己考虑，于是就对领导产生抵触的情绪，那么决策将难以执行或是难以恰当地执行，这不仅仅是对企业，也可能是对员工自身前途"毁灭性"的打击。

作为一名员工，你一定要明白一个道理：你的领导在一定程度上左右了你的前途和命运，因为他是整个公司的决策者。公司的决策者一定会把公司利益放在第一位，作为公司中的一员，我们的利益与公司的利益息息相关，其实领导为公司利益考虑，就是为员工的利益考虑。因此，不要认为领导不会替员工考虑而对领导产生抵触情绪，那样只会让你无心工作，损失掉的是自己最宝贵的机会。

5. 这个企业缺了我不行

不知道大家有没有听过这样一句话：老板给员工放假，除了让员工能够得到放松以外，还是在提醒员工，这个企业缺了谁都一样转。但是在职场中，却有那么一部分人总是认为自己是单位最重要的财富，缺了他单位就活不下去了。这些人通常很优秀，工作能力比一般人要强或是自己担任了单位的要职，于是便开始自我膨胀。

"这个企业缺了我不行！"

这个念头是非常可怕的，是一种自信心过度膨胀的表现，也是一种极其错误的观念。如果被这种观念所左右，就会在行为上变得张狂，最终闯入职场的禁区。当然，如果你这样认为，现实很快也会给你一个血淋淋的教训，如果到此时才能清醒，那么为时已晚。因此，任何时候都别认为企业离不开你，即使你帮助企业解决了极大的危机或者做出了非常杰出的贡献。

赵蕊是一家大型上市公司的策划总监，从这家公司刚起步时，她就在这里工作。并且，由于出色的工作能力，她为公司的崛起做出了不可磨灭的贡献。然而,当公司日渐兴旺时,她的内心却开始变得骄傲、自大。

曾经的她工作勤奋,恪守公司制度,是大家眼中的优秀员工。在进入单位核心领导层以后,她最初也能以身作则,身先士卒,因此成为了公司极其器重、员工非常尊敬的好领导。可是好景不长,一次次的贡献和成就让她产生了这样的可怕念头:公司绝对不能没有我,我又何必如此小心谨慎呢,不如随便一点儿。

渐渐地,她开始出现迟到、早退的情况,甚至将大把的工作时间用来上网购物。领导曾经多次找她谈话,然而她并没有当回事,反而变本加厉。她的行为对部门手下的员工也产生了不好的影响,大家都开始变得懒散起来。

结果可想而知,在年终董事会上,全体董事以全票通过免除了她策划总监的职位,并鉴于她对公司制度的无视,将她开除出了单位。直到这时她才知道,原来公司并不是缺了自己不行,但这幡然悔悟来得有些太迟了。

人在职场,不管我们有怎样的才干,不管我们担当了多么重要的职位,都不要轻易地认为自己是那个不可或缺的人,因为这世界上根本就没有这样的人。放眼望去,这个社会人才济济,如果单位想要找一个具有才干的人并不是什么难事。因此,单位更看重的是那些既有才干又谦虚谨慎的人,这样的人才担当得起大任。

如果你在心里认为企业离不开你,你就会逐渐地被这种观念所左右,认为很多小事不必在意,一些小的规定也不必遵守,企业会由于你的贡献而不去计较这些,那么你就离摔跟头不远了。这种思想会导致你不再严于律己,行为逐渐变得懒散,任何企业都是不希望为一个懒散的员工支付薪水的,更何况是管理人员,功、过有的时候是不能相抵的。

这种念头还会让你变得目中无人、刚愎自用。在小事上的随便逐渐积累起来,总有一天会让你在大事上犯下致命的错误,甚至对你的整个职业生涯产生严重的影响。人的思维是有惯性的,当你意识到这一切的时候却已无力回天。因此，不要给这种念头以可乘之机，时刻都要提醒自己：这个企业没了谁都一样运作，不要忘乎所以。

6.别人的事情与我无关

当前，生活和工作节奏越来越快，工作经常压得你喘不过气来。这种情况让在职场中的人们变得越来越冷漠、自私。很多人都有这样的念头：我自己有忙不完的事情，我哪有工夫去管其他人，帮助其他人对我又有什么好处，他们的事情才与我没有关系呢。但是，这些人却忽略了一个关键问题，帮助从来都是有施才有报的，这样做看似规避了不少麻烦，实质上却埋下了巨大的隐患。

我们都知道，一个企业、一个部门，哪怕是一个小团队，如果想要正常地运作都离不开员工之间彼此的合作。并且，互相合作还能够增进同事之间的感情，让办公环境更加融洽。而如果每一个员工心里都想着“别人的事情与我无关”，那么别说是合作，就连最基础的融洽关系都难以保持。

在职场中，你的工作往往会与其他同事的工作产生交集，别人的工作也有可能会需要你的配合和帮助。如果你选择不去理会他人的事情，那么当你需要帮助时，自然也不会有人愿意帮你，这将让你在工作中即使遇到一些小问题都变得难以解决。而如果你的工作迟迟没有进展，又会影响到其他人的工作，彼此冷漠的态度最终只会形成恶性循环，让整个团队、部门甚至公司都无法正常运行。

马华是一家大公司的出纳，由于公司规模很大，财会部门就设立了两个办公室。马华的办公室在6层的最里边，十分隐蔽，而且从窗外,可以眺望到不远处公园的美丽风光。因此,公司的许多同事都喜欢聚在她的办公室聊天,哪怕只是临窗看看公园,也能驱赶一些上班的劳累。因此,马华的办公室在休息时间,总是有许多人,大家坐在一块儿互相交流工作心得,谈谈公司规章的缺陷,而一些管理者也都愿意来到马华的办公室与大家一起交流。

刚开始时,马华觉得没有什么,然而,随着时间的推移,马华越来越无法忍受这种情况。她私下抱怨:“太多的人在我的办公室,就我一个人不能休息,他们想要放松心情跟我有什么关系,我凭什么为了他们牺牲自己。”于是,她就在办公室门的把手那儿挂了一个牌子,上面写着“工作中”。这样,马华就可以一个人休息了,窗外那一大片美丽的风景也就独属于自己了。

开始时,一些同事还是三五成群地在休息时间来串办公室,但是,马华总是说:“我在工作,我要工作,没有时间休息。”随着时间的推移,同事不再来她的办公室,即使来办公室,也只是因为工作的关系。

一段时间后,办公室几乎成了马华的私人领地,再也没有人来打扰她休息了。但同时,也再也没有人愿意帮她了。

后来,由于公司的经营出现了一些问题,不得不裁减人员,裁减人员名单上的第一个就是马华,没有人替她说话,她只得选择默默地离开。

马华认为其他同事的事情与她无关,他们想要放松,想要欣赏窗外的美景影响了她的休息,让她不能容忍。这种自私的念头让她逐渐被单位的同事所疏远,成为了孤家寡人,最终在她需要帮助时也没有人伸出援手。

可见,这种“别人的事情与我无关”的念头,不仅仅会影响到你与其他同事在工作上的合作,甚至会影响到你本来良好的人际关系。要知道在职场中,除了能力以外,人际关系也是极其重要的。一个好人缘能够让你在遇到困难和危机时得到大家的帮助与支持。相反地，如果你不愿意帮助别人，总是对别人的事情显得极为冷漠，那么一定会成为孤家寡人，这样的人在职场中是没有生存空间的。

如今的社会讲究互惠互利、双赢，在职场中也是一样，没有人能够脱离他人独自很好地工作和生活。如果你总认为没有必要为了他人的利益去做什么，认为别人的事情与我不相干，其实就是脱离了整个社会前进的节奏。一定要把这种逆潮流而行的观念扼杀在摇篮中，否则定会让你追悔莫及。

7. 工作要与我的喜好相符合

在我们刚刚踏入职场时，是否都有过这样的憧憬：我要找一个符合我爱好的工作，我一定可以将这份工作做好。可是现实却往往把我们的梦想击得粉碎，我们中的绝大多数所从事的工作都与我们的爱好没有丝毫关系。于是有的人开始抱怨，认为不能做自己喜欢的工作，所以没有办法热爱工作，努力去工作。这种需要工作与个人喜好相符合的人大有人在，而这些人最终也往往是职场的失败者。

这种“工作要与自己喜好相符合”的观念在职场中是非常不可取的，是一种不成熟的想法。现在的就业竞争如此激烈，不要说找一个符合自己喜好的工作，即使找一份普普通通的工作都难上加难。并且，事实告诉我们，即使我们的工作与喜好相符合，但由于工作与爱好之间根本上的差异，我们也不会从中获得想要的快乐与舒适。

工作的核心内容是创造价值，因此你才会获得报酬；而喜好纯粹是出于个人的爱好，是一种从自己情感出发的兴趣，这两者是永远不可能相符合的。所以，如果你总是抱着“这份工作我不喜欢，它不符合我的喜好”这样的念头，就会厌恶自己的工作，从而无法全身心地去努力创造价值，这会使你在职场中屡遭失败。

小梅是一名中文系的大学毕业生，毕业后的她憧憬着在杂志社从事文学工作。热爱文字的她希望自己的工作能够让自己遨游在书本的海洋中。然而事与愿违，残酷的就业竞争让她不得不选择了一家私企从事文秘的工作。虽然这份工作也可以说是与文字沾边，然而却与小梅脑海中的文学工作者相距甚远。

她总是抱怨为什么自己的工作不能与自己的喜好相符合，抱着这种想法，她渐渐开始消极地对待自己手头的工作。由于对工作的厌恶和不负责，她起草的发言稿经常出现病句，在公司刊物上发表的文章也是错字连篇，这让公司领导对她的工作能力产生了怀疑。

最终，由于不能够保质保量地完成工作，她被老板辞退了，只得返回到茫茫的就业大军中，又一次开始了自己漫长、痛苦的求职之旅。

一段时间后，她终于应聘成功，成为了一家出版社的编辑。满以为这下可以开开心心工作的她却再一次被残酷的现实所打击。刚刚进入出版社的她被要求做一些简单的文字加工和校对工作，相比于她之前的工作，这是一份更加枯燥，更加让人难以忍受的差事。于是，她又开始了对工作的抱怨，认为自己的写作热情没有被重视，校对和文字加工并不是她的爱好，她想要的是自己去写一本实实在在的书。

结果可想而知，这份工作她也没有能够做长久。并且由于两份工作都没有能够达到她“要与我的爱好相符合”的标准，她开始对工作产生了抵触情绪，选择了在家待业，大好的年华全部都浪费在了空虚的生活中。

小梅的遭遇告诉我们，如果你不能端正对工作的态度，不能够纠正“工作需要符合我的喜好”这一错误的观念，那么将不会有任何一份工作“适合”你。最终，你只能够选择待业在家，碌碌无为地度过自己的大好年华。

在你踏入职场之后，如果不能够将工作和自己的兴趣爱好很好地区分，那么就会让你的职业生涯充满阻力。甚至可以说，假如将来你真的有机会将你的工作与你的喜好相结合，抱着这种错误观念的你也会与这个机会失之交臂。记住，工作就是工作，你的努力工作已经为你换来了宝贵的经验、客观的报酬，那么就不要强求它再符合你的喜好。世界上没有完美的事情，职场更不是你自己的“后花园”。在这里，你只能学会适应职场、适应工作，而不能够让它们顺应你的喜好。在职场中，只有适应才能够让你走得更远，想让工作适应你只能是天方夜谭。

8. 加班就能获得领导赏识

在职场中的你身边总会有这样的同事，他们来得比单位其他人都要早，走得比单位其他人都要晚，好像总是在加班、在忙碌的样子。而你可能会认为老板一定会赏识这样的工作努力的员工，于是也“照猫画虎”地学起来。

然而，事实却是，不管每天加班到多晚，他们依旧没有吸引领导的目光，没有能够得到预期的加薪、升职。其实，“加班就能获得领导赏识”是职场中的一大错误观念。大部分的企业和领导更看重的是员工能够为企业带来多大的价值，而不是他有多少时间在加班。如果仅仅是在单位消磨时间，将本来能够按时完成的工作拖到加班加点，做出努力工作的假象，是不能够得到赏识的。

而且，如果你并没有创造出更多的价值却经常在加班，会让领导怀疑你的工作能力或是工作态度，既耽误了自己的时间又造成适得其反的效果，这就得不偿失了。在工作时间内出色地完成自己的任务，不要盲目地追求加班，为了加班而加班，这样才能够真正获得领导的青睐。在这里并不是说任何情况下都不应当加班，而是不应当盲目地加班。加班会占用我们的私人时间，让你的业余生活越来越少，这样会给自己增加很大的压力，因此如果需要加班，那就一定要加得有意义。毫无意义和价值的加班只会让你的事业、生活都变得一团糟，这是我们谁都不希望发生的。

小华是一家外资企业的宣传文员，外资企业中极大的竞争压力让小华总是担心自己会不会下一分钟就被“炒鱿鱼”，即使他的工作总是很快、很出色地完成，依旧不能打消他的疑虑。于是他想到了让老板认为他工作努力，对公司有价值的“好方法”。

他开始尝试在接到工作任务时并不急于去完成，而是拖几天后再开始。这样他就可以“主动”地去加班，让领导看到他每天都牺牲自己的休息时间来完成工作。他认为这样领导就会对自己更加赏识，不但能够保住工作，甚至还能够加薪、升职。

可是事实却并不像他想的那样。经常加班让小华无法得到充分的休息，在刻意的“加班时间”中，小华总是处于半梦半醒的状态，使他的工作完成质量严重下降，低级错误频出。结果在单位的一次裁员中，小华真的成为了裁员名单上的一员。这是由于他在工作上频出的错误给单位带来了不小的损失，加之单位领导对于小华的工作能力和工作态度产生了严重的怀疑，最终他毫无悬念地被领导“炒了鱿鱼”。

小华本想利用“加班”来博得领导的赏识，然而却成为了“加班”的受害者，可见盲目地追求加班是百害而无一利的。其实仔细地去分析，加班虽然有一定的好处，但是它的坏处却也是很多的，尤其是为了加班而加班,不管对于企业还是个人都是有害无益的。

首先,加班让企业增加大量的成本,如人员工资、水电、机器损耗等,原本这些成本都是企业的利润,结果由于有经常加班的员工,导致这些利润极大地缩水,增加了很多不必要的开支。

其次,加班导致个人的精力下降,影响工作效率。同时,经常加班也造成家庭生活的失衡,因为家庭生活的质量直接影响到工作的质量,君不见多少人因“后院起火”,丢了“夫人”又折“企业”。

再次,假如加班就可以获得上级的赏识,成为忠诚员工,那么每个人都会耍这种小聪明,结果必然造成整个团队的工作效率极大地下降,还形成“虚假”团队文化,甚至会影响到领导的决策和判断。

最后,长期的加班会使你慢慢形成拖延、没有计划、懒散的工作习惯,更难以打造高效的工作组织。这种加班的“标兵”就变成了“效率”的天敌。

显然,盲目地加班既影响个人的身心健康,同时也损害企业的自身利益——劳民又伤财。从加班的“扭曲”心态到加班的不良结果无不证实加班不是好事。整天加班的企业不是好企业,喜欢无故加班的员工也不是好员工。无论是企业还是个人都得从高效、低成本的角度提升业绩。若人人争做加班的“牛人”,个人非但“牛”不起来,连企业也“牛”不起来。只有做不加班且“跑得快”的员工,我们才能真正成为职场中的“牛人”,领导眼里的精英。

9. 频繁跳槽才能找到“好工作”

俗话说:“人往高处走,水往低处流。”在职场中的每一个人又有谁不希望自己的工作越来越好，自己的收入越来越高呢？但是，有些人在攀爬职场的高峰时却选择了频繁跳槽这条不归路。只有频繁跳槽不断地进行选择才能找到心目中的“好工作”成为了很多人心中的一个错误观念。

跳槽确实是你向更高的层面发展，向着自己职业规划靠拢的有效方法。果断地跳槽有时能够对你的职业生涯产生翻天覆地的变化。然而，频繁且盲目地跳槽，则会给你造成不可挽回的后果，且让我们来看看频繁跳槽所带来的问题。

首先，频繁地跳槽让你不得不去频繁地适应新的工作内容和新的工作环境。工作想要做得好需要对于工作的适应和经验的积累。如果你选择频繁地跳槽，那么你就不得不面对无穷无尽的“试用期”，不断地适应、学习新的工作内容。而在这个过程中，却缺乏了对于经验的积累，长此以往势必会在职场中举步维艰。

其次，频繁地跳槽会让我们的名声越来越“臭”。可能有的人会想，即使我频繁跳槽，但只要在同样的工作领域里就不会白白浪费所获得的经验。然而，你有没有想过，同一领域的单位或多或少都有一些密切的合作和交流，而如果你频繁地在这些单位中跳槽，难免会被人说起，很快你爱跳槽、不能踏实工作的“臭”名声就会人尽皆知，那么还会有单位愿意聘用这样一个不可靠的员工么？

赵小姐是海外归来的高才生，条件优越的她被一家外资银行顺利录用，成为了其中的一名普通职员。在外人看来，银行待遇优厚、福利良好，是很多人梦寐以求的工作。然而，赵小姐却并不满足，她认为银行的升职空间较小，开始的薪水也不够高。因此，她虽然接受了这份工作，但总是“蠢蠢欲动”，伺机准备跳槽。

很快地，一家风险投资公司看重了她，于是以更为优越的待遇向她抛出了“橄榄枝”。赵小姐毫不犹豫地选择了跳槽，又开始了在这家公司的工作。可是不久，她就发现风投公司的工作压力太大，承担的风险也太高，于是她又开始物色接下来的“目标”，对于工作也不再那么上心。

不知是不是好运的眷顾，赵小姐又被一家金融投资公司聘请为投资顾问，待遇丰厚。于是她本着“不试不知道”的理念，再一次选择了跳槽。一次次成功的跳槽经历让她认为：只有跳槽才能够获得“好工作”，而这个念头也为她的职业生涯埋下了巨大的隐患。

渐渐地，她把跳槽当成了一种习惯，频繁更换不同的单位让她在金融领域逐渐“臭名远扬”。大部分的金融公司和银行的人力资源部都将她列入了黑名单，即使是聘用了她的企业也不再敢委以重任，时刻提防她是否又要跳槽。

这样，赵小姐的职业生涯渐渐走入了死胡同，最终她为自己的“坏名声”付出了代价，在又一次跳槽后，她已经无法再找到任何一家肯聘用她的企业，只得在一家很小的会计师事务所从事代理记账的底层工作。

赵小姐这种经常跳槽的行为和导致的最终结果为我们这些在职场中的人敲响了警钟，频繁地跳槽只会让你离成功越来越远，“频繁跳槽才能找到好工作”这一观念也被事实证明是极不正确的。其实，获得你心目中的好工作最主要的是提升自己的综合素质，厚积而薄发，在看准机会的时候果断“出手”，跳槽要做到“稳、准、狠”才能够达到预期的效果。

曾经有记者在招聘会上采访过一些单位的招聘人员，他们中的大部分人都表示：“那些经常跳槽的人基本上学不到什么东西。企业用人一般都有培养周期，等培养出来人也走了，这对企业来说损失很大，所以一般企业的人事部门对于频繁跳槽这件事很敏感，频繁跳槽的人我们是不敢聘用的。”可见，频繁跳槽的人已经成为了企业和招聘人员最恐惧的“噩梦”。

而对于身在职场的各位，摆正心态、戒骄戒躁，学着适应自己的工作，以踏实的心态去做好自己现在的工作，纠正“跳槽才能找到好工作”的观念，才能够真的让跳槽变成我们职业生涯上的一次重大飞跃。

第三章

注意：

不良心理就是我们前进的绊脚石

1.

自卑让我们一事无成

自卑是一种软弱的消极心理，有自卑心理的人常常看不起自己，认为自己永远做不好，永远不如别人。这是一种非常可怕的想法，如果连你自己都认定自己不行，那么就会在职场中表现出怯懦、胆小，做任何事情都会畏首畏尾的状态，就会在工作中缺乏信心、优柔寡断，让你错失一次又一次"闪光"的机会。这样又怎么能迈向成功呢？

除此之外，自卑心理还会导致你心情低沉，常因害怕别人瞧不起自己而不愿意与别人交往，久而久之就会在职场交际圈中处于极其尴尬的地位，与人疏远。并且，自卑的心理会让你在人际交往中不敢占据主动地位，沉默寡言，给其他同事以及单位领导以不值得信任、缺乏交际能力的印象。

长此以往，自卑心理会让你认定自己是弱者，从而失去争取成功的意念和动力。在职场中，一旦你失去了自信、勇敢，就等于丧失了不断进取的最大动力，最终成为职场的失败者。因此，可以说自卑是我们通向成功的大敌。

严晓峰是一家会计师事务所的注册会计师，名校毕业的他通过刻苦的努力，在短短的3年时间就顺利通过了有"中国第一考"之称的注册会计师考试。由于出色的工作能力，他很快便成为了这所会计师事务所的骨干。

然而，在他人眼中已经非常优秀的严晓峰却有着一颗自卑的内心。他常常认为自己的工作不如其他人做得好，在老板眼中自己也不过是一个普普通通的打工仔。他总是羡慕那些已经跻身成功人士之列的人，认为自己跟他们比起来简直一文不值。

在他工作5年后，一家澳大利亚的金融公司看中了他的能力，想聘用他为公司的财务顾问。然而，严晓峰由于非常自卑，认为自己的英语口语太差了，如果去国外工作一定不能正常地与人交流，自己的能力如果到了外企也一定是"垫底"的。虽然那家公司的主管人员一再地邀请他，并且开出了极其诱人的报酬，但是他仍旧没有鼓起勇气向这个更好的方向迈进。

虽然严晓峰的内心非常自卑，但是由于他出色的工作能力，依旧有数家企业向他提出了邀请，甚至一家银行曾经将一个副行长的职位提供给他，但他却由于自己的怯懦一一回绝了。

最终，由于他一个个地错过了机会，直到现在，他仍旧还只是一家会计师事务所的普通员工。他的很多朋友都很惊讶，为何能力如此出众的他却混得这么"凄惨"，无不扼腕叹息。

可见，自卑是很可怕的，它是阻挡我们成功的最大障碍。要想取得成功，我们就必须要克服这种自卑心理。就需要你在心中建立充足的自信。自信的人不会看不起自己，因此不会遇事总是像严晓峰这样选择逃避。他们能够在工作和生活中主动出击去迎接困难和挑战，在做任何事情时都不缺乏信心，这让他们有着强大的动力能够干好工作，也能做出最正确的选择。

你只有克服自卑心理才能建立自信。在实际中，你可以适当地使用心理暗示来调节自卑心理，让内心充满自信。当你在做一件对于自己来说充满挑战的工作时，可以尝试时刻在心中默念：我能行，我可以成功！通过这种方法来激励自己的斗志，克服自卑心态。

除此之外，不管你做任何事情，都要有意识地培养毫不动摇的意志。不要瞻前顾后、患得患失，这样会让你丧失最起码的信心。不要去想还没有发生的事情，你不做怎么知道自己能否做好呢？信心往往能够让你在做事情时思路更加清晰，反应也更为敏锐，能够让我们在职场中发挥自如。记住，如果你想要获得成功，首先要相信自己一定能成功。

2. 贪婪蒙蔽我们的双眼

如果将职场比作大海，职场中的每个人都有一条小船，它可以让我们在职场中航行，帮我们到达充满财富的小岛。我们将小岛上的财富装上自己的船运回到自己的家乡。然而，如果我们总是想往船上装载更多的财富，最终只会让小船难以承受，沉入大海。其实所有人都能够明白这个简单的道理，但是很多人却依旧在利益面前难以自制，这一切都是贪婪在“作怪”。

贪婪——人性中最为根深蒂固的丑恶。贪婪是人乃至所有动物产生行为的根本动力之一，可以说我们每个人心中都有贪婪的心理，因此贪婪几乎是最难克服的不良心理。其实，在职场中的我们，允许自己有一点点贪婪反而可能让我们更有工作的动力，然而如果我们不加以控制，让贪婪蒙蔽了双眼，即使我们即将坠入悬崖下无底的深渊却尚不自知。历史上那些臭名昭著的大贪官，如和珅之流，极尽贪污腐败之能事，最终却落得家破人亡，财尽命绝的下场，其根源也不外乎贪婪。

其实从人的本性来说，贪婪是避免不了的。但是贪婪如果不加以遏制，那结果就会相当严重。

首先，贪婪会让你逐渐失去自控能力。如果一味地纵容你的贪婪，你就会慢慢失去自我，认为只要满足了自己的贪欲，越过雷池、无视规则也是可以的。这样就会让我们铤而走险，冒着触犯单位条例甚至是法律法规的危险，去追求更大的利益。这在职场中是一种几乎等于“自杀”的行为。

其次,贪婪会让你失去正确的判断。当贪婪占据了你的内心,它就会左右你的判断标准。例如,有些人非常执著于对金钱的渴望,往往忽略了友谊、亲情、爱情等情感层面的感受,久而久之就会成为一个典型的"拜金主义者"。但到头来这些人会发现很多失去的东西其实是金钱所买不来的。这就是由于贪婪导致的对某些事物的过分追求,让自我判断迷失在贪婪之中。

再次,贪婪会让你在职场中孤立无援。贪婪带来的不仅仅是无法自控和失去判断,还有自私。贪婪的人往往由于对某些事物的过分追求而变得自私,只要能够满足自己的贪欲会毫不在乎他人的利益。而在职场中,这种由于贪婪而引起的自私是非常让人生厌的。试想,如果你身边有一个唯利是图的同事,在利益面前总是将其他人忽视,你肯定会对他敬而远之。

陈龙是一家私企的财务主管,凭借过人的聪明才智和肯吃苦耐劳的精神,他只用了 3 年就坐上了财务主管的职位。由于经常能够接触到公司的现金业务以及公司的资金流动,给了他监守自盗的可能。

起初,由于不菲的工资收入,陈龙在对公司账目和现金的管理上还能够做到严格把控。然而,当他看到公司高层领导以及老板的收入时,他的心理开始变得十分不平衡。他总是想:我每天付出的劳动不比他们少,为什么他们就可以获得那么高的收入,而我的收入根本满足不了我。我想要买更大的房子,买跑车,我需要更多的钱。

于是,陈龙开始寻找公司的财务漏洞,每次都依靠这些漏洞从中贪污一部分公款。开始几次他的行为并没有被任何人注意到,他开始觉得这样"挣钱"方式更加轻松、有效。慢慢地,他的胃口越来越大,从最初贪污几千元公款直到最后一次私吞数十万元的公款。

终于，由于陈龙的动作越来越大，被公司的高层发现了他贪墨公款的事情。于是公司立即向司法部门报案，陈龙最终因为贪污公款罪获刑数年，并被没收财产。

作为一家企业的财务主管，陈龙的收入跟大部分人比起来已经很高了，然而贪心让他并不能够满足于自己的高收入，反而开始监守自盗，用触犯法律的方式为自己敛财。最终，他不但没有获得想要的财富，反而连自由都失去了。可见，贪婪能够将一个人引向多么危险的歧途，贪婪能够让一个人失去所有。

古人云："君子爱财，取之有道。"然而，当这种爱被过分地放纵，形成了严重的贪婪心理，那么我们就会忽略"取之有道"，从而采取更加极端甚至是违规、违法的手段去争取，这将让你在职场乃至生活中都一败涂地。

3. 自私令我们失去"外援"

有一些人总把这样一句话挂在嘴边——人不为己，天诛地灭。确实，每个人在做任何事情时，出发点总会有那么一点儿自私。当然，纯粹舍己为人的方式在职场中也并不可取。然而，这并不是让我们在遇到任何事时都要自私。

我们每个人都会有自私的一面，自私几乎是所有动物所具有的一种心理，自私心理更像是一种与生俱来的天性。在职场中，我们身边总是发生着各种事情，凡是触动我们利益的事情都有可能让我们产生自私心理。虽然自私心理几乎不可能完全克服，但是我们需要尽力遏制它的膨胀。当自私膨胀到一定程度，它就会扭曲我们的价值观和行为。

在职场中，如果你永远保持着一种自私自利的“嘴脸”，就会渐渐失去他人的帮助。而一个人在职场中如果没有“外援”，那将是一件非常可怕的事情。没有他人的帮助，你在面对自己无法处理的困难时便会手足无措；当你进行某项工作时，由于失去了与他人合作的可能，可能会事倍功半。可以说，过分的自私不但不能保护你的利益，反而会让你失去很多。

郑莹是一名刚刚毕业的大学生，经过一段时间的求职，在一家网络产业公司担任了研发部的研发人员。

随着与同事的接触，郑莹也了解到了五花八门的各种职场经验、职场窍门。而在这其中，很多人都劝告她在职场中要学会自私，不要做热心肠的人，这样只能是费力不讨好。于是她将这一点奉为了自己的行为准则。

在试用阶段，郑莹工作十分努力，也能够虚心向他人请教，这些都深得公司老板的赏识。然而，很多同事却向老板反映，郑莹不适合留在公司工作。老板百思不得其解，于是悄悄对郑莹进行了观察。

原来，在工作中，郑莹虽然能力很强也很好学，然而她却对帮助其他同事的行为非常抵触。有一次，一个同事手里抱着一大摞资料，而郑莹恰巧经过，那名同事希望郑莹能够帮助自己将这些资料抬上楼，然而她却以她要急着去与老板商量工作上的事情推托了。然而老板当时就在不远处，看到她径直地走向了自己所在的办公室。

这样的事情几乎每天都会发生，老板发现郑莹几乎会将所有帮助他人的事情推托出去，只是忙着自己的事情。

当试用期结束之后，郑莹满心欢喜地去找老板，然而却得到了令她震惊的消息：她并没有被录用。于是她询问老板，为何没有录用她，老板说：“你的能力我很欣赏，工作态度也非常认真，但是你却从来不帮助别人。公司中的所有人实际上是一个团队，只有每一个人互相帮助、共同努力才能让团队正常地运行，我们不需要只能自己单干，自私自利的员工。”

郑莹由于一些错误的“忠告”，以为自私就能够让自己少吃亏、多占便宜。然而这种自私心理却让她失去了宝贵的工作机会，可见职场是不欢迎自私自利的人的。职场同时也是一个交际场所、人脉网络，如果你抱着自私的心理踏入到职场，就会在交际和建立人脉上处处碰壁，在职场中行进艰难。

如果你想要克服这种自私的心理，就需要在平时的工作和职场生活中进行矫正和规范。首先，你可以积极地去参加集体活动。在这些活动的过程中我们就会深刻地感受到他人的重要性，从而建立帮助他人就是帮助自己的观念。其次，你要在生活中学会换位思考。当与别人发生利益上的冲突时，不要立刻就将对方划入敌人的范畴，为了保住自己的利益不择手段。应当把自己换到对方的位置上去思考，人与人的交往需要真诚与友爱，不要因为眼前的一点点小利益而失掉了更宝贵的东西。最后，你还可以让自己多去做一些利他行为，树立正确的价值取向，让自己的自私心理被习惯性的利他行为逐渐抑制。

如果你想要在职场中走得更加顺利，如果你想要获得更大的收获，那么就要控制自己的自私，放弃自私心理并不是放弃自身利益。相反地，那些乐于帮助他人的人更容易获得更多。

4. 焦虑为我们徒增压力

当我们面对未知的未来时，当我们为还没有发生的事情预想结果时，当我们面临着工作中前所未有的挑战时，当我们碰见难以处理的人际关系时,我们是否会感到内心有一种没有缘由的紧张、恐惧,缺乏安全感,这就是焦虑。

焦虑是一种由内心中没有缘由的恐惧、紧张等情绪引起的心理,焦虑心理常常是由于对未来的过分关注所导致的。在职场中,你可能每天都有几率遇到各种困难和挑战,在面对这些时你是否产生了焦虑呢?你是否发现,如果一旦开始焦虑,这种心理就会干扰你正常的判断和应有的能力,让一些本来并没有多复杂的事情变得非常难以处理。这就是焦虑的危害,在职场中,焦虑心理往往让本来能够以较好的结果完成的事情最终被"办砸"。

究其原因,是由于焦虑会导致不必要的心理压力。如果我们能够保持轻松的心态去做一件事情,这件事情就会看起来比较简单,也更容易做好。而如果焦虑心理让我们总是担忧一些还没有发生或是根本不会发生的事情,就会让我们"想得太多",从而给内心增添没必要的压力。难以处理的事情本身就会带来较大的心理压力,再加之焦虑心理所导致的"额外"压力,就有可能让我们难以承受,从而导致思维上的混乱和错误,或是行为上的偏差。

张钰是一家建筑公司的设计师,刚刚参加工作的她面对职场这一未知领域,以及从来没有实践过的工作任务,渐渐产生了焦虑心理。每当她接到公司派发的任务时,都会有一种莫名的紧张和恐惧。她总是想:如果我没有办法完成这个设计任务或是设计方案被否决,我一定会被领导、同事看不起,搞不好还要被开除。

这种想法让她在工作时总是顶着巨大的心理压力,虽然她的工作成果还是能够让公司领导满意的,然而这种心理却丝毫没有消退,反而愈发严重。她认为自己能够较好地完成工作只是运气比较好,如果遇到难度较大的任务,一定会搞砸的。

很快地,由于她比较令人满意的工作能力,公司领导希望能够给她更大的机会和挑战,让她独立完成一座桥梁的设计方案,但这一情况对张钰来说可谓是晴天霹雳。她从来没有自己独立完成过设计方案，于是她又开始变得焦虑，总是想着一些很坏的结果，甚至由于过大的压力，她开始失眠。

由于失眠导致无法获得充足的休息，加之焦虑引起的心理压力，张钰在工作中效率极低，错误频出。直到截止期限将至，张钰甚至都没能够完成设计草图。最终，她只得向领导求援，在公司其他人加班加点的救援下，图纸终于完成了。

张钰看着这张完成的图纸，发现其实并没有她想象的那么复杂，她凭自己的能力其实也是能够很好完成的。可是由于焦虑心理，她错失了公司领导给予的机会，此后她很少再被分配到重要的项目上。

由于焦虑，张钰错失了在职场中提升自己的机会，也丧失了领导对她的信任。其实如果不是焦虑心理，她可能会很好地完成此次任务，让自己的职业生涯更上一层楼。可以说，焦虑心理对于职场中的我们来说，是一个无形的枷锁，束缚住我们向着成功前进的脚步。

焦虑心理其实是一种心理活动过于兴奋的表现。焦虑用更为通俗的语言来说就是“凡事想太多”。在职场中，“三思而后行”是一种良好的习惯，然而如果我们把“三思”变成了“四、五、六、七思”，那就未必是一件好事了，而是典型的焦虑心理。焦虑会让我们将简单的事情变复杂，让我们徒增不必要的压力；焦虑会打击我们的自信心，让我们变得自卑；焦虑还会让我们对事情的发展做出错误的判断，从而做出错误的选择而导致事情真的向不良的方向发展。

在职场中，你肯定会遇到各种各样的困难和挑战，在面对它们时，学会放松心情，克服焦虑的心理，保持一个平静的状态去接受即将面临的挑战。你会发现，一旦你不再焦虑，很多事情都能够迎刃而解。

5.

愤怒会让事情变得更糟

有人曾经说过：“如果你容易被激怒，说明你还不够成熟。”经常愤怒可以说是一种幼稚、不成熟的象征。在职场中，不成熟的人是无法站稳脚跟的。一个成熟的人在遇到任何事情时都会选择冷静处理，并且深知愤怒不但会带来无法估计的后果，而且不能够实质性地解决任何问题。

愤怒会让我们的内心保持在一种极端的情绪里，而这种极端的情绪会严重地影响我们的判断力和所做出的行为表现。一个人如果处于愤怒的状态下，就很容易做出一些错误的判断和过激的行为。例如，如果你被别人的讥讽所激怒，你很有可能会选择揍他一顿，而结果可想而知。当你冷静下来以后，回想起当初你由于愤怒而做出的判断和产生的行为，会感到非常懊悔。然而，这个世界是没有“后悔药”可买的，因此我们只能不要那么易怒。

李彻是一名快递公司的快递员，经常与各种各样的客户打交道。当然大部分的客户都非常有礼貌，并且对他也很客气。然而，接触的人多了，李彻自然也能够碰到一些蛮横不讲理的客户。

李彻性格比较直爽，每当面对这种客户时，他总是据理力争，经常与客户吵得不可开交。对此，单位的领导经常批评他，甚至扣他的工资。这让李彻感到非常愤怒。他认为自己并没有错，单位领导只知道挣钱，根本就没把他当人看。

于是愤怒的他在单位领导层开集体会议的时候愤怒地冲进了会场，当着所有人的面将他的顶头上司骂了个狗血淋头。离开单位时，他感到心情十分舒畅，心中的不满和怨气总算发泄了出来。可是当他冷静下来后，想到了自己家中的老婆孩子还需要人养活，自己是这个家的经济支柱，他开始后悔自己的行为。因为他心里非常清楚，今天这样一闹，恐怕在这个单位是待不下去了。

果然第二天，来到单位后，他接到了领导的通知。由于他恶劣的行为，单位领导集体通过将他辞退的提议，他失去了这个维持生计的工作。李彻得知后不知所措，但是为时已晚。

李彻由于自己的愤怒，付出了惨痛的代价。其实仔细想想，如果他能抑制心中的愤怒冷静下来，向单位领导详细说明情况，领导不会不明事理去责怪他。即使对他的行为有所看法，也会帮助他解决这个问题。然而愤怒让他采取了最为不明智的选择，最终导致他丢掉了工作。

在职场中的你也可能会遇到种种的不公和不满，在面对这些时也可能会产生愤怒，从轻微的烦躁不安到严重的咆哮、与人吵架，甚至是砸摔东西、失去理智。如果你经常出现愤怒，久而久之就会形成一种惰性反应，不管遇到大事、小事总会首先表现出愤怒，这对于你在职场中保持良好的人际关系是非常不利的。

由于愤怒是一种极端且消极的心境，它会使人感觉低沉阴郁，令人心生恐惧，从而阻碍你与他人的情感交流，谁也不会愿意跟一个怒不可遏的人进行交流。进而它会破坏你在职场中的人际关系，成为一种侵袭你人际关系的“癌症”，因为大家总会觉得你随时可能生气，不敢与你有深层次的交流和对话。

因此，不管愤怒的程度是怎样的，这种情绪只要产生就会对你的职场生涯造成不良的影响，作为一个成熟的“职场人”，学会控制愤怒可以说是你必须要掌握的基本职场技能之一。当你发现自己容易动怒时，不妨花一点时间去冷静地想想自己的立场以及对方的立场，从中找到分歧的原因，通过思考的过程来消除怒气；又或者可以尝试推迟发怒的时间。比如在你身上发生了一件非常让你生气的事情，我们可以尝试先努力克制1～2分钟，然后照旧发怒。下一次时，我们可以多克制一会儿，比如5～10

分钟再发怒。久而久之，经过反复的强化和练习，我们就会建立强大的自我控制能力，最终会在遇到事情时，完全放弃发怒。

相信我，不受控制的愤怒不应该存在于作为“职场人”的你身上，一个冷静的你才能更加适合职场生活，在职场中更有“生命力”。

6. 冷漠是一堵无形的围墙

在职场中，你的身边有着形形色色的同事，肯定有些是你喜欢的而有些是你不喜欢的。在我们与他们进行接触时，肯定都是愿意选择那些自己喜欢的人。这种心理实际上是一种选择性的冷漠，而冷漠心理会让你的交际面变得更窄，在建立属于自己的职场圈子时更加困难。这种心理相当于在职场中为自己建立一堵无形的围墙，将自己困在一个狭小的空间中。

不要对自己不喜欢的人过分冷漠，因为你对他的评判和印象并不一定正确。如果你总是主观臆断地对你感觉不喜欢的人产生冷漠心理，就会慢慢地为冷漠建立起“温床”，让这种消极心理逐渐蔓延，当这种心理蔓延到你无法控制时，这在心理学上被称为“情感冷漠症”。如果不加以控制，这种心理会渐渐让我们形成冷漠的习惯，将冷漠蔓延到我们身边所有的人甚至是我们的亲人身上。

情感冷漠症会让你对外界刺激缺乏相应的情感反应，对亲友冷淡，对周围事物失去兴趣，面部表情呆板，内心体验缺乏，或是内心想法丰富，流露于外部的非常少；对人或事缺乏兴趣，无责任感，不会关心人，没有同情心。这种表现会让他人很难与你接触，逐渐疏远你。在职场中，一旦你开始被周围人疏远，就会在内心深处充满孤寂和凄凉，总是对外界持不信任和不满意态度，严重影响你在职场中的生存和发展。

老马是一家工厂的老车间师傅，丰富的工作经验和严谨的工作态度让他备受领导的信任。然而，工厂的其他员工却与老马的关系不那么好，这是为什么呢？原来老马的性格比较孤僻，为人冷漠，从来也不帮助其他同事，甚至是对自己的徒弟都显得非常冷漠，动辄就骂。

时间长了，工厂几乎所有人都知道老马的性格，避之不及，没有人愿意与他成为朋友，甚至刚来工厂的学徒听说自己要被分给老马时都会想尽办法找工厂领导予以调换。老马成为了这座工厂中的"孤家寡人"。

虽然老马在工厂中没有一个朋友，但他却不以为然，认为只要自己工作能力强，有没有朋友并没太大关系，中午吃饭时，老马永远是自己一个人坐在一桌，从来没有尝试过与别人共进午餐。

直到有一次，老马不小心在车间里摔倒扭伤了脚腕，剧烈的疼痛让他站不起来。然而，竟然没有一个工友愿意过来帮他，反而都悄悄地躲开。老马自己痛苦地挣扎着想要爬起来，但试了几次都没有成功，直到工厂领导路过发现了他，才将他送到了医院接受治疗。

由于老马平时待人冷漠，从来不帮助他人，因此在他需要帮助时，大家也都变得视而不见。可见，如果在职场中，你认为人情是多余的，从而保持一个冷漠的态度，最终只会自食恶果。如果老马在平时能够待人多一些热情，少一些苛刻，对别人总是施以援手，那么当他需要帮助时自然也会有多只援手。

除此之外，我们从更深的层次去辨析，不难发现其中的一个问题：除了老马之外，其他员工好像也变得冷漠了，即使老马平时不那么讨人喜欢，在他跌倒扭伤后也不该无一人上前帮忙，这是为何呢？其实，这就是冷漠在职场中的一种蔓延，被称为“责任分散效应”。由于老马的冷漠将这种心理传染给了其他人，在他需要帮助时所有人心里想的都是：他平时不帮我，自然也用不着我去帮忙，会有人帮他的。这就形成了一种“集体冷漠”的情况，而这种情况说明了在这个职场中，冷漠已经成为了“顽疾”。久而久之，大家都会被冷漠的围墙分割开来，这个集体也就不存在了。

其实，冷漠心理不但对你自己有害无益，对整个团队，乃至整个职场都是一大危害。冷漠心理会在人与人之间传染，将所有人都独立分割开来，到那时你还会觉得你的冷漠不算什么吗？

对于在职场中生存的你来说，冷漠心理是要从一开始就扼杀在摇篮中的“危险分子”。克服了冷漠心理才能够让你在职场人际关系中游刃有余。

7. 自大必会狠狠摔跟头

古人云：“满招损，谦受益。”这千古流传下来的道理就是要告诫人们，自大、自满只会招来损害，而谦虚、谨慎才能够获得更多益处。在职场中也同样存在着这样的道理，那些自以为是的自大者最终一定会被现实“打”一个措手不及。正所谓“木秀于林风必摧之”，更何况这种自大者未必真“秀”。

一般来说，自大由对自己充满信心演化而来，因为对自己有信心，所以感觉骄傲、自豪。有自信本身并不是一件坏事，但是当这种自信心被无限扩大后，就变成了自大。我们可以用八个字来形容自大“心中无神，目中无人”目空一切并不代表你有个性，只会使人认为你幼稚不成熟。除此之外，自大还会让你的心胸狭窄，不容纳别人存在，这样在职场中是很难有一个好人缘的，自然也不能正常地进行人际交往。

从前有个年轻人，箭射得非常好，他可以很随意地把箭射到远处的树上，然后再用一支箭劈成两半。于是，他开始骄傲起来，到处吹嘘自己经超过了他师父，他开始目空一切，连师父也不再放在眼里。

这天，年轻人的师父，一位德高望重，箭术非凡的老者，要年轻人陪他到附近的山上旅行，年轻人很不情愿地跟着出发了。

他们一路行来，路上景观平淡无奇，后来走到一道裂谷边，裂谷很深，裂谷下面是很急的河水，只有一根圆木横在裂谷两边。师父走到圆木中央，挽弓搭箭，一箭正中远处的一棵树中心，紧接着又是一箭，将树上的箭劈成两半。

“现在该你了。”师父说完便走到年轻人的身旁。年轻人小心翼翼地走到圆木中央，仿佛心都要从嘴里跳出来了。他知道，如果失足，等待他的将是死亡。他颤抖着搭起一支箭，但是却发现，他根本无法把注意力集中到目标上。“嗖”的一声，箭射了出去，但连树影子都没沾到。这时，年轻人顿时觉得天旋地转，不禁哭了起来。

“师父救命！”他大声呼喊着。

在此关键时刻，老者快步走上前去，一把抓住了年轻人的手，一步一步把他带到了安全的地方。师父说：“要想成为一个真正的大师，不但要有高超的技法，更要有成熟的内心。你现在虽然很出色，但是还远远不是大师，之所以会这样，就在于你的骄傲自大。”

这个故事告诉我们，不要骄傲自大，因为这世界上总有你做不到而别人能够做到的事情。没有人无所不能，又有谁有理由去自大呢？骄傲自大的人觉得自己比别人优越是凭一己之长比别人之短这种方式。所以，从某方面来讲，这种优越感是一种“错觉”，然而自大者却不自知，反而被这种“错觉”蒙蔽了双眼。

一旦养成了自大的心理，你就会依照自己由于“错觉”而形成的错误思维前行，必然会走弯路、邪路。而最危险的并不是走了弯路、邪路，而是自大会让你觉得这条路是正确的，直到犯了极大的错误才能够意识到，但是这时通常已经晚了。可以说，自大就像一个“海市蜃楼”，将你引离职场的正途。

骄傲是成功的天敌，也是无知的兄弟。谦虚的人常思己过，骄傲自大的人只论人非。在职场中，当你把自己看得太伟大时，反而显示出自身的渺小和无知。在人生旅途上，骄傲自大是一种常见病和多发病，几乎每个人都曾偶感此疾，只不过程度不同而已。发现自大心理，摒弃自大心理，无疑能够让我们在职场中真的“大”起来。

8. 自闭使人举步维艰

作为在社会中生活的一员，与人沟通交流并建立自己的交流圈子是每个人都不能缺少的重要环节。而作为职场中的一员，与他人的沟通和交流则显得更为重要。在职场中任何人都或多或少地需要利用人际关系来让自己更好地在职场中生存，“孤家寡人”是没有办法顺利走完职业生涯的。

这种现实就决定了，如果你在职场中表现出自闭心理，那么就会很难在这里生存。自闭是一种导致交流、语言出现障碍的心理，有自闭心理的人通常恐惧与人沟通或者是根本拒绝与人沟通。久而久之，由于缺乏与他人的交流，自闭心理会发展得更为严重，形成一种恶性循环。

自闭心理导致的沟通障碍会让你在职场中面临诸多的困扰。首先，当你面对一些自己难以解决的困难时，由于不能与人进行交流，因此这些困难就有可能成为你绝对无法逾越的鸿沟，进而让你的工作无法继续进行。其次，由于不善于沟通，你的同事、领导很难了解你，当你遇到困难时也就很难得到别人的理解。而别人的不理解又会成为你不愿与人沟通的理由，让你与职场中的其他人产生巨大的隔阂。再次，当你自身出现一些问题或缺陷时，由于不去与人沟通，你很难发现它们，由于不能发现缺点和错误，你在职场中很难有长足的进步。

“每天早上一进办公室，就没有闲着的时候。”在南宁市一家大型企业工作多年的刘小姐一提起工作，就十分郁闷，“都是做财务的，怎么我的事情就那么多，每天一大堆事等着做，烦死了，就连上个厕所都要一路小跑。”

渐渐地，刘小姐对工作产生了厌倦感，与同事间的沟通也越来越少，午饭常常在办公室吃自带的便当，下班后，也总是一个人乘公交车回家。最近，她把 QQ 签名改成了“不要烦姐，姐自闭了……”

这种情况持续了一段时间后，刘小姐甚至连与家人和朋友的沟通都越来越少。她开始觉得与人交流对于她来说是一项多余的事情，她从中无法获得任何有用的信息和快乐的情绪。很快，她就陷入了严重的自闭心理中，与身边的人隔阂也越来越大，成为了一个“不合群”的人。

这种自闭心理对刘小姐的工作产生了严重的影响。由于不再与同事进行交流，刘小姐在工作时不会考虑与其他人的配合，经常是工作完成后才发现与其他同事进行了重复的工作或是本来合作起来很好完成的工作，被她搞得非常复杂。时间长了，她的工作效率越来越低，工作质量也不能让人满意，虽然她依旧非常努力、认真。

刘小姐的情况就属于由自闭心理导致的“职场自闭症”。“职场自闭症”是近些年来新兴的一个词汇，特指那些身处职场的某些人由于自闭心理导致的交流障碍。“职场自闭症”可以说是一个十足的“职场杀手”，它会令你在职场道路上“孤独”地行走。相关调查显示，职场中有近60%以上的人，因环境、压力等原因而产生各种职场自闭症，表现为：平时喜欢独来独往，行事过于“低调”；开会永远坐在最靠边的角落，不声不响；工作时不善于与同事沟通；从不参加单位聚会，聚餐也总是缺席的那一个；远远看见领导，会故意放慢脚步；跟客户打交道也尽可能选择发送邮件或电脑聊天交流……

其实，患有职场自闭症的人内心也很矛盾，他们不是不愿与人交流；相反，他们很在意别人的眼光，在意别人的评价。他们最大的困扰就是，交流不畅，害怕说错话表错情。

严格来讲，职场自闭症大多可归结为社交恐惧或者职业倦怠。研究结果表明：人类的恐惧一般来自于对未来的无知，社交恐惧也是如此，尤其在职场中——职场新人由于对行业、企业和工作情况的陌生，加之要求高、变化快、压力大和竞争激烈，这加剧了他们的恐惧感，容易产生上述现象。这种现象尤其易出现在性格相对内敛、敏感的人身上，而年轻的职场“老人”则会因为要求高、变化快、压力大和竞争激烈，久而久之会麻木不仁，或多或少产生职业倦怠而出现自闭心理。

身处职场交际圈中的你，面对复杂的人际关系“旋涡”，应当树立起足够的自信，敢于与别人交流、沟通，并在心中认定与人沟通是一件快乐的事情。只有向“职场自闭症”说不，你才能够驾驭职场中复杂的人际关系，让它为你开辟职场成功之路。

9. 叛逆不可出现在职场

现如今的社会是一个追求个性的时代，每个人都有走自己特色职场道路的权利。然而，在我们追求个性的时候，却一定不能选错方式。在职场中不乏这样的人，他们认为追求个性就要体现在叛逆上。他们不甘于墨守成规，总是向单位的规章制度或是领导的决策发起挑战，表现出一种叛逆心理。殊不知，这种叛逆心理对于身处职场中的人会造成多么不良的影响。

所谓叛逆，顾名思义就是反叛的思想、行为。有叛逆思想的人表现出忤逆正常的规律，与现实相反，违背他人的本意，常常做出一些出乎意料的事。叛逆是一种“成熟了”的错觉，是一种强烈的自我表现欲，在思维形式上属于“求异思维”，是标新立异，希望引起别人注意的不成熟表现。

在职场中，如果你产生了叛逆心理就会让你有一种“我有个性，证明我有才华”的错觉，而这种错觉会让你的自信心被错误地强化，即使做出一些在别人眼里极端错误的行为，你自己也会认为它是对的。这就会让你给其他同事、领导一种不明是非的印象，从而让周围人对你产生不好的看法。

王飞是一名刚刚踏入职场一年的“菜鸟”，在一家超市上班的他从事着采购的工作。在刚刚步入职场的时候，王飞谦虚、谨慎，做事也兢兢业业，对领导的话更是言听计从，这让他在领导和其他同事心中留下了一个好员工的印象。

然而，工作一年后的他获得了一些工作经验，对于职场上的一些事情也有了更深入的了解，他开始有了更具“个性”的想法。他认为自己已经将这份工作乃至整个职场看透，认为在职场中只有与众不同才能够出人头地，而自己就要做这个与众不同的人，可是他却选择了一条之后被事实证实为错误的道路。

他开始产生了很强的叛逆心理，总是认为单位的规章制度需要修改得更加人性化。于是他开始违反那些他认为并不合理的制度。除此之外，对于工作量分配不平均的问题王飞也非常有看法。他心里想：为什么有的人任务比我轻？为什么有的人可以不加班而我经常加班？而在面对其他同事的教导和指点时他也不再虚心接受，而是想：你又不是领导凭什么来对我指手画脚？即使是领导也不能随便对我指指点点。

这种变化让王飞在单位开始变得令人讨厌。由于对单位规章制度的漠视，对同事好心提醒的反感，对领导批评教育也总是强词夺理，他在单位“举目无亲”，没有人再喜欢他，也没有人再认为他是一个好同事、好员工。

很快，由于他的叛逆心理导致经常违反单位纪律，同事之间的关系也处理得很差，他最终被领导辞退，成为了一名失业者。

王飞最终由于自己的叛逆心理自尝恶果，同时他的事情也告诫我们，一旦我们产生了叛逆心理，恐怕以后在职场上的日子就不会好过了。其实每个人在职场中都会经历这样一个“叛逆期”，我们都年轻过，都叛逆过，甚至有一段时间我们很喜欢“桀骜不驯”这四个字，并且认为这样很酷；棱角分明是个性的体现；甚至我们还总感觉“举世皆浊我独清，众人皆醉我独醒”。然而，如果让这种心理无节制地发展下去，那必将对我们的职场生涯造成灾难性的打击。偶尔产生一些叛逆心理或是经历一阵短暂的“叛逆期”是可以被他人理解的，然而如果你时刻保持着叛逆心理，那最终只会让所有人对你失去耐心。

如果你把叛逆带到职场中来，那就只能证明你还没有成熟。事情总是要做的，规章总是要遵守的，领导的话总是要听的。叛逆心理让你在情绪上“抵触”这些不得不去做的事情，这不是和自己过不去吗？

如果你就是绕不过这个弯儿，叛逆心理就会让你觉得有些事情很不平衡;或者觉得某人让你很不爽;或者觉得自己是对的,别人都是错误的。于是,即便你非要做这件事,也要梗着脖子,让其他人知道你很不满意。这种心理会导致你将职场的路越走越窄,因为你总是和别人对着干,别人也不会喜欢你。当你穿上叛逆的外衣来保护自己时,你自己也就处于被边缘化的尴尬境地了。

第四章

记住：这些都是职场禁区

1. 缺乏忠诚，不守诚信

作为职场中的一员，你认为什么对你最重要？什么最能够让你被欣赏、被看重？有的人可能会说是能力，有的人可能会说是态度，还有的人可能会说是个性。可是，很多人却也忽略了最为重要的一点——那就是忠诚。

有些人可能会这样想：对企业忠诚对我有什么好处呢？这年头忠诚可能让你丧失很多获取更大利益的途径。但是我想说，如果一旦你对忠诚毫不在乎，你就踏入了职场的禁区，这种想法会让你在职场中一败涂地。作为员工，如果你对企业不忠，就相当于对自己的事业不忠，是一种对自己、对企业极不负责的表现。如果你对企业不能够表以足够的忠心，那么企业自然也不会信任你。如果你失去了企业的信任，那么无疑会让你难以向更高的层次发展，任何企业都不会将好的机会和关键的职位赋予那些对企业没有忠心的员工。

另外，如果你对企业表现出不忠，这种心态会让你在同事、朋友面前也经常表现出缺乏诚心的形象。试想，一个连对自己的企业和事业都不忠诚的人又怎么会在乎对身边的人的诚信呢？

一个夏日，森林里一棵大树的一根树枝被闪电劈下来，然后被山洪卷入一条大河。在大河下游的平原地带，树枝抓住水草，好不容易才爬上了河滩。恰好一个农夫路过，他把树枝扛回了家。“我将得到重用，说不定会把我做成华丽的家具”，树枝大喜过望。

然而，农夫却把它扛进了厨房，准备做柴火。看着灶膛里熊熊燃烧的大火，树枝慌了。忙说："留下我吧！你把我烧了，煮不熟一锅粥。你把我留下，你就可以得到更多更多。""你是什么意思？"农夫问。"我知道一片很大的森林，你如果把我做成斧柄，再配上斧头，我将带你找到森林并帮你砍伐。"此时，树枝已不敢奢望被做成华丽的家具。

"那好吧！"农夫答应道。树枝于是成了圆滑斧柄，与斧头称兄道弟，而且直接与农夫的手相握，深得农夫赏识。它与斧头、农夫一道，来到它生长过的森林。它最了解树木，因此斧头砍中的总是树的要害；它最清楚森林，因此，每一棵树都没有逃过被砍伐的灾祸。就这样，一片森林罹难了。

树枝认为自己为农夫立下了汗马功劳正准备邀功请赏，可是却不想农夫将它从斧头上卸下，再次准备投入灶膛之中。树枝这下慌了，忙问农夫："我帮助你收获了整片森林，为何还要将我烧掉？"

农夫说："我在砍伐森林时发现了更好的木材，更加适合做斧柄，你已经没有价值了，只能烧掉。"于是便将树枝投入到了烈火当中。

这则寓言向我们阐述了一个简单的道理，不忠者必将为自己的不忠行为付出惨痛的代价。一个人若想在职场中更有发展，那么就离不开他所在的企业提供的良好环境和发展平台。因此，作为一个"职场人"你必须要正确地看待企业和自己的关系，做一名忠诚的员工。

当你学会对企业忠诚时，你就会成为一个有责任心的人，对待身边的同事、朋友也会更加有诚信。在职场中，我们不仅仅要做一名对企业忠诚的员工，还要做一个对他人讲诚信的"靠谱"的人。放弃忠诚，放弃诚信只会让我们一事无成。

当今的职场中，有能力的人并不缺乏，缺少的是那些既有能力又讲诚信、重忠诚的“德才兼备”者。企业和领导往往也更看中员工的忠诚和诚信。你对企业、对老板多一分忠诚，企业和老板也会对你多一分器重，只有你真正地表现出对公司的绝对忠诚才能够赢得同事、领导的信任。相反，如果你抛弃了忠诚和诚信，那就相当于亲手断送了自己的成功之路。

2. 不懂礼貌，不重形象

不知道你有没有过这样的经历：当你见到一个陌生人时，你首先会从他的衣着、样貌、言语来对他进行一个初步的评判，而后你会发现这最初的评判几乎成为了你对他个人看法的最重要标准。这其实是所有人的“通病”，虽然只从表面印象去评判一个人有些草率，但是这几乎已经形成了一种思维定势。

在职场中，良好的职业形象可以增加竞争实力，人与人见面产生的好恶决定于见面的头几秒钟。人和外界沟通主要通过五种感官，其中视觉占了80%的比例，所以一个良好的职业形象能够提升竞争实力是不言而喻的。而职业形象最直观的表现就是你的外观形象以及文明礼貌。因此，不要仅仅认为内涵才是别人对你评判的唯一标准，在一个人不了解你的前提下，你的形象、礼貌会成为他的首选。

小张是某公司的一名普通员工，有一天他正好去财务部窗口领工资。在等候的时候，他随手把手中捏着的一张票据揉成纸团扔在了地上。而不巧的是，此时刚刚与他洽谈业务的顾客来财务部交订金，看到他把纸团扔在地上心想：这个公司的员工如此行事，他们做的东西能有质量保证么？还是先别交订金了，回去再斟酌一下吧。

结果,本来经过长期的接洽好不容易才达成合作的客户被小张这一不经意但却极其影响个人形象的举动破坏了,客户也最终流失,这让公司间接损失了上百万的利益。对于个人形象的不重视,让小张和他所在的公司都付出了惨痛的代价。

小张最终获得了现实给予的应有的惩罚,这恰恰证明了一点:文明礼貌、个人形象是一个职场人不可缺少的关键要素,它有时候甚至能够决定工作的成败。并且,在商务场合中,你的个人形象往往还代表了整个单位的形象,如果不能够保持一个良好的个人形象,你甚至会连累整个部门乃至整个企业。

不注意个人形象、不懂礼貌的人会给人一种印象:这个人连做人都做不好,又怎么能做好事情。一旦你给别人留下了这种印象,就会影响到你在职场中的形象,甚至影响到你的事业、前程。要知道,给人留下一个坏印象非常容易,然而想要抹掉它却难上加难。

此外,不注意个人形象还会让你在职场中显得不专业。可能你工作十分努力、敬业,然而在职场中你不仅仅需要敬业还需要专业。你的同事、领导、客户会首先从你的个人形象和文明礼貌上去评判你是否是一个专业的“职场人”。例如,在职场中我们应当衣着得体,举止文明,在与人打交道的时候不卑不亢,语言礼貌、得体。如果不注意这些,就会让你显得非常不专业,像一个“实习生”。

休息室里坐满了等候面试的人,有人充满自信,志在必得;有人紧张异常,一遍遍地背着自我介绍。面对众多的求职竞争者,李小倩不以为然地笑笑,从包里拿出化妆盒补妆,又用手拢拢头发,心想:“我高挑的个子,白皙的皮肤,还有这身够靓的打扮,白领丽人味道十足,舍我其谁?”

教官叫到李小倩的名字,李小倩从容进入考场。按教官的要求,李小倩开始做自我介绍:“各位好!我是师大中文系毕业班的学生李小倩。在校期间，我的学习成绩优良，曾担任两届学生会文艺部部长……我还有很多业余爱好，比如演讲、跳舞啊，我拿过奖呢！对于我的公关才能和社交手腕我是充满自信的。”

一边说着，李小倩一边从包里拿市交谊舞大赛和校演讲比赛的获奖证书，化妆盒不小心跟着掉了出来，各式的化妆用品散落一地。她乱了手脚，慌忙捡东西，抬头对着考官：“不好意思！”考官们不满的摇头。考官甲：“小姐，麻烦你出去看一下我们的招聘条件我们这里是研究所，你还是另谋高就吧。”

可见，重形象并不仅仅是让你在穿着打扮上做到光鲜亮丽，而是应当以最为适合的形象出现。比如，你是银行的职员，那么你就应该西装革履，以职业装的形象面对你的客户、同事、领导，而如果你在传媒公司工作，那么打扮的时尚、自由一些，可能会让你在他人心目中的形象更优秀。因此，在你注重外表形象时，一定要时刻考虑是否与你的职场位置相符合，以最美的形象出现，不如以最适合的形象出现。

并且，对个人形象和文明礼貌的关注程度还影响着你的人生态度。你能否在职场中获得成功，一定程度上取决于你的生活态度。如果在平时不注意自己的个人形象，经常蓬头垢面的出现在工作场合，或是满嘴脏字，随意破坏环境卫生其实都会体现出你的生活态度非常懒散、随便，给人一种很差的印象。注重个人形象、打扮得体、文明礼貌其实都是非常容易做到的事情，却在职场中发挥着重要的作用。如果你不在意这些，那只能说明你缺乏职场智慧，在职场中迟早要摔大跟头。

3.

逃避问题，推卸责任

“天下兴亡，匹夫有责”这句话大部分人都听过，然而又有多少人能真真正正地做到呢？在职场中，你可能随时会遇到各种困难，你可能随时会面临艰巨的挑战，你同样也有可能犯各种错误。当这些发生时，你会选择逃避问题，推卸责任，还是选择鼓起勇气，直面挑战？

在你身边可能不乏这样的人，他们在面临挑战时选择了逃避，将重担甩给其他人；他们在犯了错误后，推卸责任，将问题归咎于其他原因。这样的人看似总能一身轻松，然而却着实是不折不扣的“废物”。在职场中，逃避问题、推卸责任只会令你被同事、领导看不起，也会让你对自己失去信心。

易卜生曾经说过：“社会犹如一条船，每个人都要有掌舵的准备。”职场亦是如此，只会逃避问题、推卸责任会让你迷失在职场的海洋中。一旦你踏入了逃避问题、推卸责任的职场禁区，你就踏上了一条万劫不复的恶途。

如果你养成了逃避问题、推卸责任的习惯，就会失去接受挑战的机会，无法在挑战中磨炼自己的意志，丰富自己的经验，提升自己的能力。你会变得停滞不前，要知道在职场中所有人都在努力进取，如果你选择停滞实际上就是选择了倒退，这让你的职场生涯前途渺茫。

此外，一旦你开始选择逃避问题、推卸责任，你就会逐渐给人一种没有担当、怯懦、胆小的坏印象。如此一来，不管是周围的同事还是你的领导，都会逐渐失去对你的信任。同事不愿再与你合作共事，领导也不会将更好的机会留给你，你在放弃责任的同时也放弃了自己的前途。

更可怕的是，一旦你形成了逃避问题、推卸责任的习惯，你就会对责任抱有一种无所谓的态度，认为不管我是否能够在工作中完成任务，是否能够给单位带来价值我都不需要负责任，因此我也不用过分努力。这种随之而来的想法会让你在工作中经常犯错误，态度也不能端正，这对于在职场中的你是非常不利的。没有任何一家单位希望自己的员工抱有消极对待责任的态度。

陈任和张明新到一家速递公司，被分为工作搭档，然而一件事却改变了两个人的命运。一次，陈任和张明负责运送一件昂贵的古董。在交货码头，陈任把货物递给张明的时候，张明却没接住，古董掉在地上摔碎了。

张明趁着陈任不注意，偷偷来到老板办公室对老板说："这不是我的错，是陈任不小心弄坏的。"随后，老板把陈任叫到了办公室。"陈任，到底怎么回事？"陈任就把事情的原委告诉了老板，最后陈任说："这件事情是我们的失职，我愿意承担责任。"

后来，老板把陈任和张明叫到了办公室，对他俩说："其实，古董的主人已经看见了你俩在递接古董时的动作，他跟我说了他看见的事实。我也看到了问题出现后你们两个人的反应。我决定，陈任留下继续工作，主人表示可以原谅你们，并不打算追要赔偿。张明，明天你不用来上班了。"

陈任和张明截然不同的境遇告诉我们，只有那些勇于承担责任的人，才有获得第二次机会的价值。在职场中，很多人往往对于承认错误和担负责任怀有恐惧感。因为承认错误、担负责任往往会与接受惩罚相联系。有些不负责任的员工在出现问题时，首先把问题归罪于外界或者他人，总是寻找各式各样的理由和借口来为自己开脱。但在很多管理者看来，这些都是无理的借口，并不能掩盖已经出现的问题，也不会减轻要承担的责任，反而会给管理者一种你没有承担责任的勇气的坏印象。

在职场中，你敢于承担多大的责任，你就能够获得多大的成功。逃避问题，推卸责任是一种"懦夫"的表现，而在职场中没有人喜欢"懦夫"。只有那些敢于直面问题，敢于承担责任的人，才能在职场的大风大浪中力挽狂澜。

当你犯了错误没有勇气去承担,遇到难题想要选择推脱时,不妨问问自己:“要当一辈子的懦夫,还是当一个英雄,哪怕只有几秒钟。”

4. 工作杂乱,没有条理

有一句古话我想大家都听过:“无规矩不成方圆。”说的就是不管做什么事情,都要有条理、有计划,否则就很难达到最好的效果。在职场中也存在着同样的道理,如果你的工作非常杂乱,从来没有制定工作计划的喜好,在完成步骤上也缺乏条理,那么你往往比别人耗费了更大的精力却收效甚微。

做事是否有条理是职场中判断一个人做事严谨程度的标尺。能力再强的人,如果没有制定工作计划,杂乱无章地开始就埋头于工作中,势必会把工作弄得一团糟。工作杂乱,没有条理会使工作效率非常低下,导致你不但掌握不了自己的生活,也不会有太多的休闲时间。并且,一个做事不够严谨的人在职场中是不会受到他人青睐的。

在职场中,如果你仔细观察就会发现存在这样两种人。有种人,不管你在什么时候遇见他,他都表现得风风火火的样子。如果你要同他谈话,他只能拿出数秒钟的时间,如果谈话时间长一点儿,他便会伸手把表看了再看,暗示着他的时间很紧张。他的业绩有可能还算突出,但是付出的精力和时间也更大。究其原因,主要是他在工作安排上七颠八倒,毫无秩序。做起事来,也常为杂乱的东西所阻碍。这样的人做事往往是一团糟,甚至连自己的办公桌都像是一个垃圾堆,因为他不知道如何在工作和生活中制订计划,将一切管理得有条不紊。

另外有一种人，与上述那种人恰恰相反。他从来不显出忙碌的样子，做事非常镇静，总是很平静祥和。别人不论有什么难事和他商谈，他总是彬彬有礼。在他的公司里寂静无声地埋头苦干，各样东西安放得也有条不紊，各种事务也安排得恰到好处。他每天都要整理自己的办公桌，对于重要的信件立即回复，并且把信件整理得井井有条。所以，尽管他的成绩要明显高于之前那种人，但别人从外表上总看不出他非常忙碌。

同样是在职场中努力拼搏的一员，显然如果你是前面提到的那种人，肯定很难获得成功。因为如果你工作杂乱，没有条理，往往会做大量的"无用功"，消耗大量的精力，而没有时间和余力再去做更多提升自己的事情，成功自然也就离你越来越远。

刘洋是一家外企的前台接待员，天生丽质的她很会打扮，将自己的外貌、衣着整理得井井有条，让人看起来是一个生活习惯非常好的女孩儿。然而在工作中的她可完全与她给人的第一印象不符。

她的工作虽然算不上忙碌，但也不是一份"闲差"。每天要接待许许多多的客户，还需要整理和收集相关客户的资料向公司的主管和老板进行上报并且留下备案。然而她却没有养成一个良好的工作习惯，做事情很没有章法，也从来不制定任何工作计划，在工作中经常主次颠倒，乱成一锅粥。由于这种不良习惯，她经常将客户资料弄得杂乱无章，每次从中调取客户信息时都要大费一番周折。

这让她显得十分忙碌，每天总有忙不完的事情，甚至有时还要加班。要知道，一般公司的前台接待人员很少会由于工作无法完成而加班。久而久之，她总是付出很大的努力，成果却不尽如人意，较大的工作压力更是让她错误频出，有时甚至将客户的资料弄丢或忘记备案。

很快，由于经常出现工作上的失误，公司领导对她的能力和态度产生了怀疑，认为她没有能力做好公司委派的任务，纵然有

不错的外表，却是个十足的“花瓶”，于是便将她辞退了。

刘洋之所以被公司领导认为是一个“花瓶”，其实并不是她真的没有能力完成工作任务，而是由于她没有制定合理的工作计划，没能将工作管理得有条不紊，因此经常事倍功半。可见，如果我们在工作中总是杂乱无章、没有条理，会使本来能够完成的工作变得难以应付。

你工作没有秩序，处理事务也没有条理，就会无谓地浪费时间，还会由于“繁重”的工作扰乱自己的神志而增加工作压力。长此以往，你的时间一定会非常紧张甚至不够用，制定的事业路线也必不能依照预定的计划去进行。

打个比方来说，就像厨师用锅煎鱼，不时地翻动鱼身，会使鱼变得烂碎，看起来就不觉得好吃。相反地，如果尽煎一面，不加翻动，将会粘住锅底或者烧焦。最好的办法是在适当的时候，摇动锅子，或用铲子轻轻翻动，待鱼全部煎熟，再起锅。

在职场中也是一样，我们在做一件事之前，首先要着手制定一个合理的计划，将事情的每一个步骤考虑周全，并对涉及的所有工作内容进行一个有效的分类、管理，然后按部就班地去按照预定的计划完成，这样才能够“花小力气，做大事”，让自己的工作更有效率。

5. 心态消极，缺乏主动

卡耐基曾经说过：“有两种人永远将一事无成，一种是除非别人要他去做，否则，绝不主动去做事的人；另一种则是即使别人要他去做，也做不好事的人。”在职场中，态度往往决定着你能成为一个什么样的人，如果你总是抱以消极的态度,工作缺乏主动性,那么你就离成功越来越远了。

在你的身边肯定有这样的员工,他们从来不去做领导没有安排给他们的事情,并且对这些“无人问津”的事情他们也从来不去过问,而选择无视。他们虽然凭借这种“小聪明”躲掉了他们认为不必要的麻烦,但是同样也躲掉了锻炼的机会和脱颖而出的可能。他们从来不想着多做一些分外的事情来继续能量,厚积薄发。相反,他们更倾向于好逸恶劳。这种心态消极、缺乏主动的做法让他们进入到了危险的“职场禁区”。

消极、被动的工作态度会让一个人逐渐养成懒散的习惯。不愿意去多做一点儿分外的事情的人总会给自己找各种各样的理由、借口来让自己“偷懒”,一旦养成了这样的习惯,你很快就会形成一种消极、慵懒的态度,甚至会影响到我们应该完成的本职工作,影响你的进取心,让你成为职场中“不受欢迎”的人。

消极、被动的工作态度还会让你变得自私自利。一个不愿意做自己本职工作以外事情的人,肯定也是不愿意帮助单位其他员工完成工作的。这样会让你在别人眼中显得太过自私,从而影响到你在单位中的人际关系。

一个来自偏远地区的打工妹,由于没有什么特殊技能,就应征到一家餐馆做了一名服务员。在别人看来,服务员的工作再简单不过,只要招待好客人就可以了。

可这个小姑娘的表现却出人意料,她从一开始就表现出了极大的热情。一段时间后,她不但能熟悉常来的客人,掌握了他们的口味,而且只要客人光顾,她总是千方百计地使他们高兴而来,满意而归。她不但赢得了顾客的连连称赞,也为饭店增加了收益——她总是能让顾客多点一两道菜,并且在别的服务员只能照顾一桌客人的时候,她却能独自招待几桌的客人。

老板非常欣赏她的工作热情,也很满意她的工作业绩,于是准备提拔她做店内的主管,她却婉言谢绝了老板的好意。原来,一位投资餐饮业的顾客看中了她的才干,准备与她合作,资金完全由对方投入，她负责管理和员工的培训，并且对方郑重承诺：她将获得25%的股份。现在，她已经成为一家大型餐饮企业的老板了。

这个来自偏远地区的小姑娘并没有一些人眼中所谓的“智慧”，她不会去选择偷懒，只是埋头苦干，并且经常干一些自己分外的事情，例如去博客人的开心，记住客人的口味等。在有些人眼里她很“傻”，这样做并不能使她获得更高的报酬。其实，这个小姑娘的做法才是有“大智慧”的人才会选择去做的。也正是她比别人多做了这么一点点，才让她有机会获得成功。

在职场中的你可能有着比这个小姑娘更高的学历，受到过更良好的教育，所以更不应该以消极的心态去消极地工作。总是消极、被动地去做事，不愿意比别人多付出一点点，你就等于失去了成功的潜质，失去了自动自发地为自己争取最大的进步的机会。“每天多做一点事”的工作态度将会使你与众不同，你的上司和客户会愿意加倍信赖你，从而给你在职场中更多发展的机会。

6. 粗枝大叶，马虎大意

“小心驶得万年船”，职场中存在着一处处“峡湾险流”，如果你粗心大意，就随时有可能“阴沟翻船”。小心谨慎是一个成熟“职场人”应当具备的素质。不要曲解所谓的“成大事者，不拘小节”，不拘小节不是让你马虎粗心，而是让你不要去关注那些对事情没有太大影响的部分。粗心大意是职场中的禁区，一旦染上必将后患无穷。

胡适先生曾讲过一个“差不多”先生的故事，说这个人做事马虎，差不多就行。妻子要他买红糖，他买来了白糖，说反正都是甜的；火车 2 点发车，他迟到 3 分钟；他生病了，本来应请王医生，结果请了兽医汪医生，他说差不多，结果病重，临死说，死和活也差不多。生活中这样荒唐的人，可以说是没有的，但做事情不认真不细致，有“差不多就行了”这种思想和习惯的人却并不少。

身处职场的你，每天都有可能碰到各种各样的工作，需要你面面俱到，才能够避免出现差错。因此，如果你总是粗心大意，就难免在一些事情上出现错误。虽然错误可能很小，但是在这个竞争如此激烈的职场中，这足以成为你的“拖累”，导致你相比于别人略输一筹。

并且，如果在平时马虎大意，不在乎一些小的细节，经常犯小错误，就会让你逐渐养成一种做事不认真的坏习惯。一旦这个习惯形成，很快就会使你在做一些重要的事情上也变得无法仔细、认真，这对身处职场中的你危害极大。人总会或多或少地犯一些错误，然而如果你总是犯错或是在关键问题上犯错，那么无论是企业、老板还是同事都不会一而再再而三地原谅你。

要知道在小事上粗心大意可能会引起非常可怕的“连锁反应”，而造成的后果也是无法估计的。身在职场的你，如果在小事上总是不注意细节，那么这些“小马虎”“小疏忽”就有可能是导致你事业失败甚至是整个人生失败的罪魁祸首。

7.

办事拖拉，行动迟缓

“从工作清单中挑最不重要的事情做；越重要的工作越拖延得久”“在

离任务完成期限还有二十天的时候一点儿也不着急,直到最后五天才开始做”“每次开工都要整点开始,一点半、两点、两点半,却迟迟不动手”。身在职场的你是否有上述症状?这其实就是“职场拖延症”引起的办事拖拉,行动迟缓,它就像一种“慢性毒药”,渐渐毒杀你本来可以实现的理想。

经诺亚招聘网一项调查显示,60%的人表示“职场拖延症”曾出现在自己身上,可见这种“病症”已经在职场中蔓延开来。而很多有拖延行为的人可能并不知道,如此做事让你闯入了“职场禁区”,每一次的拖延都是在减慢你前往职场成功之路的脚步,久而久之你就会停滞不前。

如今的互联网已经十分普及,人们的精神生活也越发丰富,这更容易让人在工作中难以踏实下来,太多的因素分散了人们的注意力,导致对于工作一拖再拖,在不经意间养成了办事拖拉、行动迟缓的坏毛病。

有一天魔王坐在他的宝座上,想着他在世上做的所有事。他坐着,仔细想了想他的成就,发现他能做的事很少了。那些服从他命令的人已经被他控制了,那些不承认他权力的人也不会再被征服了。有一些人可能会被说服投入他旗下,也总有新来的人要去征服,但所有这些都没意思。

思想的萌芽开始孕育。几分钟,他就做好了决定。他准备退休——一旦他找到合适的接班人。

“谁会是我的继承者呢?”他在想,他安静地坐了很长一段时间,仔细考虑着几个候选人。然后他想到了一个办法测试他的三名弟子——幻想、欺骗和拖拉。

“我只要你们做这件事,”魔王说,“想出一个最大的谎言,告诉人类。好好想想,多花点儿时间想,谁给我最好的答案谁就会被任命为我的继承人。”

第二天,这三个人被叫到了正殿,伴随着闪电、雷鸣及恶臭的硫黄味,魔王突然出现在金制的宝座上。他的弟子们深深一鞠躬。

魔王在说话的时候变得很可怕:“我今天要做的决定会改变历史进程。告诉我,如果你可以成为我的继承者,你会告诉人类的最大的一个谎言是什么。”

幻想狡黠地笑了笑，向前走了几步，开始说了：“我会告诉人类世上没有地狱，无论是在人间还是将来。我会向他们保证，不必害怕做坏事。”

“‘你们所有人都会去天堂，’我会承诺他们，‘因此不要害怕。’”

“他们为什么会相信呢？”魔王问。

“因为他们希望这样。”幻想回答道，魔王露出了微笑。

欺骗接着走向前，拐弯抹角地说：“我会告诉人类没有天堂，从未有过。我会让他们相信上帝很早以前就遗弃了他们，因此，不要担心会激起他们的愤怒。”

“为什么他们会相信你？”魔王问道。

“因为他们希望这样。”欺骗回答道，魔王露出了微笑。

“那你要告诉人类什么？”魔王问他最后一个弟子。拖延挺了挺胸，大胆地开始说了。

“陛下，我会告诉人类一切都不必着急，只要他们喜欢，他们愿意保持原状多久就多久，他们在世上有的是时间。”

魔王摸着他的下巴。“他们为什么会相信你？”

拖拉自信地回答：“他们一直都相信。”

魔王把王位传给了第三个弟子，他笑得比任何时候都开心。

拖延——它一直都是魔鬼的代言人，不断扼杀着你的未来，而你却往往对它视而不见，毫不在乎。如果你对自己的“职场拖延症”不够重视，也不去克服，那么它会给你带来诸多的困扰和麻烦。

首先，“职场拖延症”会导致你丧失自信，形成逃避心理。拖延实际上是一种逃避的表现。面对枯燥、乏味的工作或是艰巨的任务，如果你总是拖延到最后才迫于压力不得不去完成它，就会养成一种面对困难和艰苦时首先考虑逃避的心理。这样就会慢慢减弱你的自信，而失去自信往往意味着你在职场中迈出了失败的关键一步。

其次，如果你总是做事拖拉，最后紧迫感会给你带来不必要的压力。当你接到工作时，如果没有立刻着手开始而是到最后才去做，就会由于时间紧张而导致更大的工作强度。时间长了，这种时常的高强度工作会给你带来更大的压力，你会感觉所有的事情都那么难，这无疑给你的心理增添了不必要的负担。

再次，做事拖拉、行动迟缓会导致你难以保证工作的质量。正所谓"慢工出细活"，同样一件事情如果你有充足的时间去完成，那么工作质量一定能够保持在一个较高的水平。相反，如果你总是在最后的几天时间将工作"赶"出来，那么你的工作质量就可想而知了。总是不能高质量地完成工作会让你在职场中失去闪光点，在领导眼中成为能力不足的员工，这对你的职业发展是极为不利的。

最后，拖延的毛病还会让你在工作时缺乏热情和干劲，形成一种"做一天和尚撞一天钟"的消极心理。在工作时往往也不愿意花大力气去做更多的事，在接到比较复杂或困难的工作时会产生厌烦、抵触的心理。总是抱着"能拖多久是多久"的心理去工作，这会让你逐渐失去工作的动力，而不能将工作做好。

梦林是一家网游公司的平面设计师，每次接到一个项目后，梦林习惯于翻阅之前经手的相似案例及设计范本仔细揣摩，但是对于项目本身却迟迟不动手去做，直到离交工还有几天的紧急时刻才会争分夺秒地仓促应对。

其实她并不是没有责任心或是懒惰，而是被拖延这个坏习惯所左右。她有时也想能够更快、更好地完成工作，但往往到了着手工作时"职场拖延症"就开始从中捣鬼，导致她又一拖再拖。

对于一些简单的工作，梦林加一会儿班或是更集中一些精力也可以在最后的几天内很好地完成。然而，每当她面临比较繁重、困难的任务时，这种拖延行为着实让她吃了不少苦头。她曾经由于拖延导致没能按时完成一款网游宣传的海报设计，导致发布会都因此推迟，给公司造成了极大的损失。为此，她不但受到了公司领导的严厉批评而差点儿丢了工作，还被扣罚了3个月的奖金。

然而，虽然梦林极力地想改掉自己拖延的毛病，但是长久以来做事拖拉的行为已经让“职场拖延症”在她身上根深蒂固，为此她十分郁闷。

梦林由于对自己的拖延行为并没有足够的关注，因此逐渐患上了“职场拖延症”，还为此付出了很大代价，这同样也警示着身在职场的我们。如果你对自己的拖延行为并不在意，它就会逐渐在你的内心扎根，而当你意识到拖延的危害时，往往已经很难摆脱它了。做事拖拉、行动迟缓就像职场中的“毒品”，一旦染上，你可能终生都不能摆脱它，并且会为此付出高昂的代价。

重视“职场拖延症”，拒绝做事拖拉、行动迟缓的坏习惯，从最开始就让自己远离这种职场“毒品”，这样我们才能够在通往心中目标的职场之路中保持更加轻盈、快捷的步伐。

8. 不善沟通，不懂合作

现今的社会是一个不断进步的社会，而现今的职场也是一个充满着机遇和挑战的地方。这里充满着日益增长的竞争压力，但同时也呈现出更加需要紧密合作的态势。身在职场的一些人为了在众多的竞争者中脱颖而出，选择了自私自利的道路。而忽略了如今的职场需要“互利共赢”的现实。因而那些不善沟通，不懂合作，只知道一味自己“进步”的人多半都成为了职场的失败者。

作为职场中的一员，在你身边一定有这样的例子：有些人善于与人进行沟通，懂得与别人合作并共同分享成果，他们往往能够找到强强联手的机会，发挥出 1＋1 大于 2 的出色效果；而有些人不屑交际，总是独来独往，心胸狭隘并且从不与他人分享自己的经验，因而在工作上往往举步维艰，事倍功半。可见，沟通与合作在现今的职场中是多么重要的事情。在整个职场大环境的驱使下，没有人再能够做“孤胆英雄”，脱离了与他人合作你将寸步难行。

在职场中，有些人与他人缺乏沟通，甚至不愿意沟通主要是由以下一些方面导致的：

首先是缺乏信任。在职场里，无论是与客户相处、同事相处还是上下级相处，都存在着很多的猜忌，也就是不安全感。猜忌其他客户抢了自己的风头而忘了自己切实能提供的优质服务；猜忌同事之间是否存在着利益冲突，而在同事关系里变得小心翼翼；猜忌上级会不会在繁复的内部信息中影响对自己的工作认可，或担忧合作事项的不同理念会导致更大的隔阂，于是变得缩手缩脚。

其次是缺乏对有效的沟通方式的理解。我们都在谈职场交往的关键就是做好沟通，然而，大多数人聚焦于沟通的方法，却忘了沟通背后的东西——对关系的理解。当你与一个人进行沟通时，自己的定位，沟通对象的定位，语言表达的方式，沟通切入点，对所谈内容的把握，都是你能否完成一次行之有效的沟通的关键点。有些人正是由于找不到这些关键点，才认为沟通是一件非常困难的事情，最终渐渐放弃与他人进行沟通，因此失去了很多沟通的机会。

还有就是缺乏倾听。急切地想要让对方听懂自己想要表达的想法，却忘了询问对方的需求；很多人在面对上司、同事时很想抓住机会向别人表达自己的独特观点，却忘了在日常工作中认真听听他们的理念和认识，因此导致自己的观点与他人的这些理念差之甚远，最终致使大家“不欢而散”。想要与同事有深入的交流，以便更好地合作，就要在平日里多倾听对方的声音，这样才能拉近彼此的距离。

最后就是在平日里缺乏发现。职场里每天都是大家匆忙的身影，各司其职，各就其位，偶尔会给人很疏离的感觉，从而让人们变得缺乏人情味。看着那些在职场里就算没有合作关系依然有得聊，有得交流，有得机会的人，很多“职场人”会油然而生羡慕之心，并苦恼于自己社交状况迟迟没有进展。殊不知，很多工作契机和合作关系都是从发现开始的，不发现就缺乏交流沟通的可能性，更谈不上合作。

在职场中，一旦上述四个沟通方面的问题没有引起你的重视，你就有可能成为一个“不擅沟通的人”，而对于沟通的忽视会渐渐地让你觉得彼此之间的合作也变得不那么必要了，最终导致你在职场中的脚步更加艰难。

邢某大学毕业后留在了南京。一家广告公司招工的时候，他通过笔试和面试后被留了下来。

试用期间，总经理对他和与他同时应聘成功的5个人说：“试用期满，将在你们中间选一名业务主管。”听了总经理的话，邢某更是雄心勃勃，发誓要当上业务主管！

然而，要想当上业务主管就必须战胜其他4个同事！他想：短短的3个月里要凸显自己的业绩仅靠埋头苦干是不行的，必须凭借聪明才智苦干加巧干。此后，他开始利用网络的优势进入广告设计网博览别人的设计创意并频频跟网络设计高手交流。他心想，这样正当的学习，其他的4个同事同样能做到，如果是在同一起跑线上公平竞争，我的优势不一定能凸显出来。

为了确保自己能超过他们，邢某开始“不耻下问”地向4个同事学习，而这几个同事向邢某请教问题的时候，他却每次都把自己独特的见解藏起来，只说一些能在网上查询到的观点。

当然，他所做的一切都很隐蔽，并不在工作上给他人施加阻碍，也不会在私下里对他们发起人身攻击。他常常自我安慰说：“我并没有伤害他们，我只是努力提高自己而已。”

试用期满，邢某的业绩果然比他们4个人突出。他想：业务主管一职肯定非我莫属。然而，总经理的决定却让他大跌眼镜。

邢某不仅没能当上业务主管,还被公司淘汰了!面对总经理的决定,他质问经理为什么这样做。总经理平和地说:"我们公司之所以能有今天,主要靠的是团队合作精神,因此,在我们公司,能跟同事共同提高的人才是最理想的人选。"

原来,总经理对邢某的所作所为明察秋毫!他离开公司的时候,总经理吩咐财务处多给他结算了一个月的工资,并拍着邢某的肩膀语重心长地说:"记住,跟同事共同提高比只向同事学习受欢迎。"

邢某之所以选择了这种不恰当的竞争方法,正是由于他没有认识到现今企业对于合作精神和沟通能力的看重。好在结果并不是太坏,虽然邢某失去了这次工作机会,但他也获得了宝贵的经验教训。

对于职场中的你,邢某的事情也是一个很好的警示。如果你忽视沟通与合作的作用,那么在现如今如此讲究"互利共赢"的职场中是无法生存的。"尺有所短,寸有所长。"只有合作才能互补长短。曾有位博士生颇有感慨地对朋友说:"在这个竞争的社会里,什么人都不能忽视,他随时有可能是你的救命稻草。"的确,在一个大公司,干好一项工作,占主导地位的往往不是一个人的能力,而是各成员间的团结协作配合。一个只会为自己工作、平时独来独往的人,不会给企业带来什么业绩。

现实生活中有这么一种人,他们能力出众,才华横溢,自以为比任何人都强。因此他们总是过分相信自己的能力,而排斥他人的意见,不屑与他人合作,甚至把与人合作看作是有辱自己身份的事情。他们总认为凭借个人一己之力就可以把工作轻松做好,不需要别人的帮助,更没有必要让别人将自己的劳动成果分一杯羹。然而,这些自认为可以独自成为"救世主"的人其实才是最需要被"挽救"的,不善沟通、不懂合作让他们与这个社会相形渐远,与成功失之交臂,而你一定不想成为这样的人。

9.

自由散漫，缺乏纪律

在职场中，有些人总会这样想：公司的规章制度太严厉了，它限制了我的自由，让我感觉到很不适应，我才不要遵守规定，我要冲破这种束缚。这是一种对于纪律的漠视，也是一种对于规则的曲解。如果怀有这种想法，你就已经踏入了职场的禁区，而单位也会很快对你“亮红灯”。正如挣断线的风筝不仅不会得到自由，反而会迷失自我，走向毁灭。如果没有了规则，没有了纪律，你就会变成一个自由散漫的人，这不但不能让你获得自由，反而会让你因此而失去美好的前程。

规章制度不仅不是你的束缚，反而是保证你走正路的关键。就像路口的红绿灯，马路上的标志牌一样，如果没有了红绿灯、标志牌，那么马路上的车辆一定无法正常行驶。同样，如果根本没有规则或是你不遵守规则，那么你在职场的道路上一定会发生“交通事故”，严重阻碍你的发展前行。

小李能力很强，做事麻利、也服从安排，老板一直很欣赏他。但是，小李自由散漫、不守纪律的行为又深为老板所厌恶。所以，虽然小李已经在公司做了三年了，也取得了不小的成绩，却一直得不到重用。后来公司裁员，小李也赫然其中，这让小李很委屈，去找老板问个明白，老板说：“我留下来的人必须是精明能干而且遵章守纪的人，你这样散漫，迟到早退，为所欲为，如何能留？”小李哑口无言。

如果你也同小李一样，自由散漫、无视纪律，那么也会为自己的职场生涯埋下巨大的隐患。如果你认为违反公司的规章制度并没有什么，自由散漫一些更逍遥，这种想法就会让你变得不负责任、不辨是非。而在职场中，规则往往意味着企业和领导的底线，一旦越过了这条底线就一定会受到处罚。而如果这种自由散漫、无视纪律的情况在你身上频有发生，你的领导就会认为你是一个自控能力差、不负责任的人。如果领导一旦对你有了这样的印象，你肯定不会被委以重任，甚至会被"扫地出门"。

10. 不爱学习，不思进取

颜真卿曾经说过："黑发不知勤学早，白首方悔读书迟。"学习是我们丰富知识、增加内涵、提高素养的最主要手段。不断地学习是我们保持一颗永不衰退的进取心的最好原动力。现如今的职场，人才辈出，竞争压力不断增大。作为职场中的一员，如果你不爱学习，不思进取，面对别人的不断进步，你最终只能被时代所淘汰。

如果你不愿学习，不思进取，你就会失去前进的动力。有句话说得好："活到老，学到老。"只有不断地学习，不断地自我充电，你才能够在职场中有更强的力量并以更快的速度前行，从而超越竞争者。相反，如果你从不学习，不思进取，那么你的知识、能力就会停滞在某个阶段，时间长了你便被别人远远抛在了身后，又怎么会成功。

一个人的知识在很大程度上讲决定着其个人在职场的未来发展方向，也决定着其本人能否将本职工作做得更好，能否取得一些成就，开创自己的美好前程，走好自己的美丽人生。学习在今天看来是一个终身的话题，面对日益加剧的职场竞争趋势，只有不断学习，不断补充新的"血液"才能满足不断变化的职场需求，顺应时代发展的潮流。

尹明善出生在重庆涪陵一个小地主家庭。为了谋生,12 岁的尹做起了货担郎,在一个好心人那里借了 5 角钱,卖起针头线脑。

尹从中挖到了人生的第一桶金:在卖针时他并不仅仅把眼光放在这个小买卖上,而是边卖针边学习。通过一些卖针的经验加上向一位朋友请教,他居然学会了资金的调用和拆借。他先在乡下卖掉针,赚钱后再到重庆进货。而那位相识的卖鸡蛋的朋友则是先在乡下拿钱收购鸡蛋,然后运到重庆卖掉。

他俩商量,采用融资的办法,把两人的资金合在一处,尹把在乡下卖针得来的钱都交给他,这样他可以多收购一些鸡蛋,到重庆他卖掉鸡蛋后再把钱交给尹,尹又可以多进些针头线脑。一年下来,居然赚到当时可谓天文数字的几十元钱。

尹明善并没有停下学习的脚步,他赤手空拳到重庆求学,考上了公立中学。在学校,他如鱼得水:高一上半学期便自修完高中阶段所有数学课程,下半学期学完大学数学专业的课程,高二甚至解答出当时数学界的一些顶尖难题。经过不断地学习和进取,他终于走出了命运的夹缝,驶入人生的快行道。

但是后来,由于时局原因,尹明善被下放到工厂做了一名普通工人。

在工厂劳动期间,尹明善最出名气是两条:一是学什么都特别快,当时学车工是三年出师,尹明善只要一个星期,两个星期就可以带徒弟。原因很简单,别人下班休息时,尹却在苦读有关车工的书籍;第二是工作效率特别高,别人给鞋修毛边一天最多 30 双,他却能修 150 双,因为他在工作前先花时间学习机械原理,从而设计和改造工具,工具改进得更加顺手,速度自然有保障。

后来,随着国家落实政策,尹明善以优异成绩被聘为重庆电视大学英语教师,成为教研组长,后又成为出版社编辑。当时重庆外办下属一家涉外出版公司出现亏损,经人举荐,尹明善走马上任,经过在实践中的摸索和学习,一年便使企业扭亏为盈。企业大发展之际,他递交了辞呈,因为他觉得自己还应该去历练,去学习更多的知识和技能。1985年他创办了重庆教育书社,成为重庆最早也是最大的民营书商,所编辑发行的《中学生一角钱丛书》发行突破千万册。

但是,尹明善在出版行业做了3年后就突然宣布放弃,这让当时的许多人都大跌眼镜。尹明善的想法是,尽管当时这个行业活跃异常,但就当时形势而言,它注定是一个做不大的行业,我不能就此失去进取心,我要向着更高的目标进发。

于是1992年,尹明善创立力帆集团,成为现在广为人知的力帆集团董事长。

尹明善从一个卖针线的小买卖做起,通过不断的学习和强烈的进取心成功地成为了当时的“万元户”。而他的进取心和学习的热情并没有减退,这才最终让他从“万元户”成为了身家超过50亿的富翁。可见,学习的力量是多么强大,它能够让你时刻充实自己的知识,跟上时代的脚步,并且让你时刻保持着一颗永不懈怠的进取之心。假如当年尹明善不爱学习,不思进取,不要说如今的亿万富翁,他甚至连一个“万元户”可能都当不上。

在职场中的你,肯定也向往着成功,向往着站在事业的顶峰眺望,而如果你不爱学习、不思进取,那么你就相当于将你的远大目标亲手送上了“绞刑架”。正所谓“学无止境”,你的知识越渊博,你越能够发现原来世界竟然如此广大。如果你不爱学习、不思进取,你的目光就会变得狭窄,甚至会“夜郎自大”,认为自己已经非常了不起。这种“井底之蛙”的想法会让你在职场中难以获得更长远的发展,难以应付职场上出现的不断变化,难以完成一些更具挑战的工作。

不要等到白发苍苍回首往事时,你才浑然发现原来由于自己不爱学习、不思进取而错失了一个个宝贵的机会;不要等到脱离了时代的脚步时,你才意识到自己为踏入不爱学习、不思进取的“职场禁区”付出了多么高昂的代价；不要等到经历了惨痛和悔恨，你才发现其实警钟一直在夭鸣。

11. 有始无终，半途而废

在漫长的职场道路上，你可能从事着已经厌烦的工作，可能会觉得自己的前途一片渺茫，可能会遇到种种困难，那么在这时你是否会选择放弃。在职场中，有始无终、半途而废的例子比比皆是，更有甚者，在离成功一步之遥时功亏一篑，上演了一出职场“悲剧”。正所谓“滴水穿石，非一日之功”，在职场中，只有坚持到底才能收获成功，有始无终、半途而废只能让你一败涂地。

在职场中，不管做什么样的工作，如果你选择有始无终、半途而废，那么你就相当于主动放弃了接近成功的机会。这样做会让你之前做出的种种努力付之东流。你可能为了自己的事业已经付出了极大的精力、时间，如果在此时你不能坚持下去，那么实际是对你自己所付出的努力的一种极大浪费，相当于做了一次漫长的“无用功”，这无疑会让你蒙受巨大的损失。

并且，如果你在工作中总是有始无终、半途而废，会对自己的自信心产生很大的打击。虽然说，我们更应当注重工作的过程而非结果，然而你能够否认结果对于你的重要性么？如果你付出了努力，但是由于经常半途而废从而看不到结果，那么你就会开始怀疑自己的能力，进而严重地打击自己的自信。

此外，如果你经常半途而废、有始无终，会让你身边的朋友、同事、领导认为你是一个缺乏恒心，做事不让人放心的人。长此以往大家都会认为你是一个“不佳人选”,不管是在领导安排重要工作还是同事需要与人合作时,都不会把你列入考虑的名单。这样对于你个人在职场的发展是一个巨大的阻碍。

东汉时,河南郡有一位贤惠的女子,人们都不知她叫什么名字,只知道是乐羊子的妻子。

一天,乐羊子在路上拾到一块儿金子,回家后把它交给妻子。妻子说:“我听说有志向的人不喝盗泉的水,因为它的名字令人厌恶,也不吃别人施舍的食物,宁可饿死,更何况拾取别人失去的东西。这样会玷污品行。”乐羊子听了妻子的话,非常惭愧,就把那块儿金子扔到野外,然后到远方去寻师求学。

一年后,乐羊子归来。妻子跪着问他为何回家,乐羊子说:“出门时间长了想家,没有其他缘故。”妻子听罢,操起一把刀走到织布机前说:“这机上织的绢帛产自蚕茧,成于织机。一根丝一根丝地积累起来,才有一寸长;一寸寸地积累下去,才有一丈乃至一匹。今天如果我将它割断,就会前功尽弃,从前的时间也就白白浪费掉。”

妻子接着又说:“读书也是这样,你积累学问,应该每天获得新的知识,从而使自己的品行日益完美。如果半途而归,和割断织丝有什么两样呢?”

乐羊子被妻子说的话深深感动,于是又去完成学业,一连七年没有回过家。

这则故事就是“半途而废”这句成语的由来,假如不是妻子通过织布机对乐羊子进行了深刻的教育,他可能会选择放弃自己的学业,从此一事无成。在职场中的你其实也像乐羊子一样,如果选择了放弃就等于浪费了之前大量的努力和付出,这是一种非常不划算也是对自己不负责任的行为。

在工作中,如果你总是半途而废、有始无终,那么你将无法取得任何成绩，也无法创造任何价值。一个不能创造价值的人在职场中面临什么样的境地，想想也能知道。因此，抛弃有始无终、半途而废的想法，不要让成功与你擦肩而过。

12. 只会苦干，不会巧干

在工作中要有“老黄牛”的精神，踏实苦干才能够成就一番事业，这几乎成为了职场人所达成的共识。然而，如果仅仅是具备苦干的精神，你依旧很难在工作中脱颖而出，因为苦干只是工作进步的基础。如果你只会苦干而不会巧干，那么你就很难让自己的工作能力发生质的飞跃。

在职场中，苦干可以让你有量的积累，在你的职场生涯中引起量变。然而如果你不会巧干，那么这种量变就无法成为质变，也就不能够让你在工作中有一个长足的进步和飞跃。如果你只是一味地去追求苦干，你将付出比别人更多的辛劳，收效却可能甚微。这种事倍功半的情况会让你很快就难以坚持苦干下去。

只会苦干不但会让你难以坚持这种艰苦奋斗的精神，还会让你的思维逐渐僵化。在工作中，如果你总是埋头苦干，过于“踏实”，而不会去寻找一些更讨巧的方法来降低工作的难度，你就会形成一种定式思维。然而，在现今的职场中，定式思维是不可取的，它会让你难以应付突如其来的变化，也难以在工作中有自己的见解和创新。而创新和独特的见解才是你让别人看到闪光点的关键，只是埋头苦干会让你在同事、领导的心目中显得比较平庸，难以获得重用。

何晓郁是一名23岁的纺织女工，她的家在蓟县下仓镇，父母都是农民。初中毕业，她考上了纺织技校，从乡村来到市里学习。2002年，何晓郁进入天鼎纺织集团工作，成为一名正式的纺织女工，她的工作主要就是清理机器、整理纱锭、重新接线。

纺织女工的工作枯燥而繁重，一台纺纱机有420多个纱锭，一个女工一个班至少要管理5台机器，要在上千个纱锭间穿梭，并不停重复着同样的动作。因此，一些年轻女工辞职另谋出路，最后和何晓郁一起进厂的20多个女孩们走了一半多，但何晓郁坚持了下来。

何晓郁爱动脑筋，她总在想，如何让枯燥的工作变得有意思？于是创新工作方法、提高效率成了她挑战自我和改变工作状态的法宝。每天下班，她都主动留下来多练习两个小时，高强度的操作让她脚底磨出了水泡，手指被丝线划得伤痕累累，但她仍坚持着干"傻事"。

功夫不负有心人，何晓郁终于总结出一套适合自己的操作技法，手法快、质量高，一个人就能独自管理7台纺纱机。一年来她共捉纱428个，及时检出各种坏纱128个，机台清洁合格率每次都是100%，全年扩锭60台/次，节约棉材212公斤，并超产2696.5公斤，成为令人刮目相看的先进工作者。

在2006年的市级劳模评选中，她成功当选了劳模，成为了这一年市级劳模中年龄最小的一个，正是艰苦实干的精神和创新巧干的思路让她从其他人中脱颖而出。

何晓郁之所以能够坚持站在纺织业的第一线，她踏实苦干的精神是一大原因，但同时，她自己创新，学会巧干也是她能够在这看似不起眼的纺织工人岗位上如此出色的重要原因。假如她只会苦干，纵使有比别人更坚韧的毅力，可能最终也会由于枯燥、繁重的工作而选择放弃。即使她没有放弃，可能也会由于并不出众的工作效率而与他人无异。

你作为职场中的一员，当然也不能够只走苦干这条路，学会巧干，寻找捷径才能够让你的步伐比其他竞争者更快，只会苦干只能够让你在目前的基础上保持，然而却无法向更高的层次迈进。

千万不要做只会苦干的“老黄牛”，这种只会苦干、不会巧干的思想会让你踏入到职场的“禁区”，走入职场的“弯路”。

中篇　绿灯行：踏实奋进，展现实力拥抱成功

在公路上行驶时，如果绿灯亮起我们依旧观望不前，不但会阻碍自己的前进，更会招致他人的“厌恶”。职场中也同样如此，在遵守职场规则的前提下，我们应当踏实奋进，鼓励、强化自己的正确行为，勇敢地展示自己的实力，只有这样才能够在职场中立足，才能够拥抱成功。

第五章

忠诚敬业，与企业相濡以沫

1. 忠于企业，永远只做对企业有利的事

如果你想在职场中成为“赢家”，如果你想要在职场中鹤立鸡群，那么就要首先做成一个好员工。作为一个好员工首先就要做到忠于企业，把自己能够为企业工作当成是一件引以为豪的事情。只有首先忠于企业，你才能够在为企业工作时获得足够的归属感，这样就让你的工作有了更明确的方向和更强的动力。

我们只有忠于企业，在企业中找到了自己的位置，明确了自己努力的方向，找到了自己拼搏的动力，才能够深刻地感受到工作的意义，才能够从工作中收获喜悦、收获回报。因此，忠于你的企业，让自己永远去做那些对企业有利的事情，企业一定会给你一个意想不到的回报。

作为企业中的一员，如果你想要向着更高的方向发展，想要改变自己作为底层员工的命运，你首先要表现出对企业的忠诚。你在企业中的一言一行，你为企业做的每一件事都在领导的眼中，只要你坚持做对企业有利的事情，你的忠心一定会得到领导的认可。而这一切都为你登上更高的职业阶梯打下了坚实的基础。

李元凯，是大连橡胶塑料机械股份有限公司一名年轻的机械工程师，积极进取、工作勤勉是所有人对他的评价。他潜心钻研业务，已成为公司技术战线上的骨干力量、开炼机和压延机产品负责人、设计室负责人，是公司技术队伍中最出色的尖兵之一。

2009年下半年，在设计任务重、工期紧的情况下，为保证公司生产任务的顺利进行，李元凯和爱人商量后主动放弃了婚后休假和“十一”长假，抢进度、赶工期，为公司能够按时交货赢得了宝贵的时间，有力保障了公司工作的顺利开展。

在2010年企业发展的困难时期，李元凯积极响应公司号召，身先士卒，利用个人休息时间，加班加点，每周工作6天，甚至7天。在他积极有效的组织、协调和带动下，他所在的研发二室集中设计力量，全年累计完成了97个工号三百多台各类型开炼机、16个工号共计16台套压延机组的新、老产品开发、设计任务，共计实现销售收入约三亿五千万元，占公司年销售收入的一半以上。

基于李元凯在工作中的突出表现，2010年他被授予2009年度大连市青年岗位能手称号；2012年被大连市和辽宁省先后授予优秀共产党员称号。“荣誉属于过去，今后我将以更大的热情投入到我深深热爱的企业和工作中。”李元凯如是说。

李元凯正是凭借着对企业的忠心，在企业面临困难时挺身而出，把做有利于企业的事放在了第一位，最终赢得了企业的尊重，也获得了更广阔的发展空间。大家都明白“患难见真情”的道理，当企业需要你时，如果你表现出足够的忠心，那么就会证明你是企业真正的财富，是企业不想失去的人才。

从个人成长的角度讲，追求物质利益，追求精神享受，追求事业成功，实现个人价值，是人的自然本性。因为个人价值是人生的支点和基石。随着市场经济的快速发展，现代人希望自我价值能得到更好的体现。

所有这些，不仅无可厚非，而且还应该激励。但是，作为个人来讲，你必须端正三点认识：一是个人价值不等于个人主义，个人价值的实现不等于个人主义的膨胀。作为员工，无论是处于企业何种层次、何种位置的员工，都必须首先忠于企业，把做对企业有利的事情放在第一位。你需要明白一个道理：个人的力量是有限的，只有忠于企业，与企业共同进步，才能演绎出无数的壮观；一个人只有以高尚的忠诚品格积极投身到工作中去，将个人价值与企业利益有机结合，其聪明才智才能得到充分发挥，个人价值才得以完美展现。

任何一个员工，如果没有与企业共同发展的信念和价值观，没有对企业的忠诚，总是把个人利益放在第一位，那么，他就不会成为优秀员工，也不会随企业的发展而健康成长，更不可能登上更高的职业阶梯。

2. 时刻保守企业的秘密

每个人都或多或少地有一些自己的秘密，企业也是一样。每个企业都会有属于自己的秘密，而有时候你会由于工作需要而知道这些秘密。因而能否保守秘密就成为了你能否取得企业和老板信任的关键。

每一个公司的老板都希望自己的员工能够保守企业的秘密。因为一个不能为公司保守秘密的员工，就像一颗放在职场中的“定时炸弹”，不知道它什么时候就会爆炸，也不知道其爆炸的威力，但是却可以给企业带来难以估计的恶果，从而使自己的公司陷入绝境。

同样，对于员工来说，保守公司的秘密是员工最基本的职业道德素质，也是一个员工对工作讲良心的一种方式，是对公司无限忠诚的表现。任何一名员工，只有做到了不该说的不说，不该问的不问，严守企业的秘密，就一定能够得到领导的认可。否则，即使你很有才能，也不会有更大的发展机会，甚至无法在职场上生存。

在职场中你随时面临着种种诱惑，检验你是否忠于公司的重要标准就是看你是否能禁受住这些诱惑。如果你能做到始终对公司机密守口如瓶，那么一定会是一个让领导另眼相看的优秀的人才。哪怕你没有因为保守公司的秘密而得到公司的奖励和老板的重用，但至少能够做到问心无愧。相反，如果你出卖了公司的机密，虽然你得到了金钱或是其他的利益，但你要记住这些利益相当于买断了你一辈子的发展。因为没有一个企业会允许一个“间谍”的存在。

伏尔塔瓦河被捷克人称为“母亲河”。河上共有18座桥梁，其中的查理大桥最古老、最著名。是首都布拉格的地标性建筑，游客们最向往的景点。在查理大桥上共矗立着30座雕像。它们大多是《圣经》和捷克民间传说中的天主教圣徒的塑像，如今早已是备受捷克人推崇的国宝。而其中，圣约翰雕像更是排在这些国宝之首。

在捷克流传着这样一个故事：圣约翰内伯穆克曾是国王瓦茨拉夫四世王后的忏悔牧师。国王因怀疑王后与别人有私情，便找到内伯穆克，要求他说出王后在祷告时透露的隐私。但内伯穆克恪守教规，拒绝国王的要求。国王恼羞成怒，命士兵将内伯穆克从查理大桥上扔进了河里……传说中，内伯穆克被河水淹没的一刹那，上方的天空中突然奇迹般地出现了5颗闪烁的星星，似乎是要哀悼他的离去。从此，在捷克人眼中，内伯穆克成了为保守秘密，保护美好情感而不惜牺牲生命的英雄。许多捷克人对圣约翰雕像顶礼膜拜，并把其看作幸运之神。

几百年来，人们来到圣约翰雕像下默默地祈祷，深情地抚摸雕像基座上的两块儿青铜浮雕。人们相信，只要摸一摸这些浮雕，幸运之神便会降临。现如今，两块儿浮雕早已被摸成了金黄色。

没错，如果你是一个能够保守秘密的人，那么你身边的人一定会对你的品质进行高度地赞扬，这就是内伯穆克的雕像会受到如此高的待遇的原因，因为人们都认为他是具有高尚品格的英雄。

身在职场的我们，如果能够对企业的秘密守口如瓶，那么也一定会受到同事、领导的赏识。如果你能够保守秘密，你身边的人就会对你多一分信任并且愿意与你分享一些秘密，而如果能够让同事甚至领导与你分享秘密，那么绝对能够说明你在做人上非常成功，也证明了你是一个值得委以重任的优秀人才。

3. 把企业当成家，用老板的心态工作

在职场中，你的心态决定了你的位置。这句话一点儿也不假，心态往往决定了一个人的思想和行为方式。如果你想要在企业中获得领导更大的赏识，获得更多的晋升机会，甚至是想要将来自己成为老板，那么首先学会从心底把企业当成你的家吧！用老板的心态去工作，你才有可能成为管理者甚至是老板。

在职场中，很多人可能都有着这样的想法：我在企业上班，企业发给我薪水，我跟企业就是这种纯粹的利益关系。然而你不难发现，抱有这种想法的人在工作中往往很难出成绩，自己也无法实现自己最大的价值。其实，我们为企业工作，并不仅仅是为了获得报酬，而更多的是实现自己的价值，提升自己的能力，丰富自己的经验，让自己能够在职场道路中走得更远。

因此，如果你是一个有上进心的“职场人”，如果你想在职场的“高峰”上完成“登顶”，那么就要学会把企业当成自己的，用老板的心态去工作。如果你是一家企业的创始人或老板，你一定会抱着凡事首先要将企业的利益放在第一位的思想去工作。并且，你会把企业看成是自己的家甚至自己的“孩子”一样。这样你就能够有更强的动力去为企业工作，有更强的责任心去尽自己最大的努力，并且对企业怀有深厚的感情。

1977年，刚从部队转业的伦勇利来到了当时的长春自行车厂，也就是现在的长春旭阳富维江森汽车座椅骨架有限责任公司，成为了一名模具工人，这一干就是35年。

在车间工作的35年中，伦勇利总是冲到最前面，有些模具难以制作，他都是自己揽过来，有时甚至一个人干整个班组的活儿。

几年前，车间的一项设备出现了问题，为了给公司省钱，他放弃了自己的休息时间，加班加点地自己研究维修，而仅仅这一台设备的维修，他就为车间省下了1000多元的维修费。从那以后，企业里只要设备出现故障，他都第一时间出现。

而对于自己的徒弟，伦勇利更是耐心指导，手把手地将技术传授给他们。“他这个员工真正做到了把企业当做自己的家一样，让人心服口服。上到领导，下到基层工人，提起伦师傅，都特别尊敬他。他是我们公司的技术标兵，也是我们的大宝贝。”单位的领导是这样评价他的。

凭借着这种把企业当成家的精神，35年来伦勇利获得了多项荣誉，更是被评为长春市特等劳模，获得全国五一劳动奖章。

一个普普通通的车间工人，正是怀着把企业当成家的“老板心态”，在自己平凡的岗位上做出了让所有人刮目相看的出色成绩。他的事迹正是一个优秀员工的最好体现，任何一个企业都会将这样的优秀员工当成宝贵的“财富”。

如果你想要成为一名优秀的员工，成为企业的管理者、领导者，就应该也抱有这种“老板心态”，把企业当成自己的“掌中宝”，这样就能够将满腔的热情投入到实际的工作中去。做到爱岗敬业，求实奉献，通过自己的努力为公司的发展贡献力量，为公司的不断壮大添砖加瓦。

当我们把企业当成家，具备了“老板心态”后，我们就能够为公司取得更好的效益而尽心尽力、兢兢业业，真正地将企业的命运与自己的命运紧密地联系在一起，使自己获得为企业兴旺发达而拼搏的最大动力。而当你做到了这些，企业自然也会给予你更高的岗位和更丰厚的报酬作为回馈。

4. 与企业同甘共苦，共同成长

在你的身边肯定有这样一些人，他们能够与你共享荣誉、共取利益，然而一旦你面临困难和危机时，他们便失去了踪影。这种能同甘但不能共苦的所谓“朋友”你一定不会把他们放在心里最重要的位置上。对于企业也是一样，只有你能够跟企业同甘共苦，共同谋求发展，那么才能在企业心中有更重要的位置。

有的人认为，时刻想着自身利益、保全自己，在企业发展良好时与企业“亲密无间”而企业面临困难时则选择“另谋高就”是一种聪明的做法，但是这种做法却只是小聪明，而非大智慧。一个真正能做大事，能委以重任的员工，绝对是能做到和企业同甘共苦、共进退的员工。每个企业都有可能会有遇到困难的时候，而此时如果你能够跟企业共进退，那么当困难渡过后你也才能和企业共同成长。

选择与企业同甘共苦可以增强你的责任心，而责任心是你在职场中立足的重要保证。投机取巧的行为并不能让你成为职场的“赢家”，相反有时会让你输个精光。以一颗极强的责任心将自己与企业放在同一立场上，企业才能够给予你充分的信任和尊重，也才会给你最大的回报。

并且，只有当你能够与企业同甘共苦、共同成长时，你才能将全部的精力集中在工作当中，全身心地投入到创造价值之中，此时心无旁骛的工作状态一定能够让你在面对困难和挑战时保持最佳的“战斗状态”。正因此，你在工作中肯定能够获得更好的成绩和更大的收获，为自己的前途铺平道路。

在美国洛杉矶，有一位名叫杰克的年轻人在一家比较有名的广告公司工作。杰克的工作很普通，就是寻找客户签单。在工作中，杰克的谈吐和工作能力令很多客户敬佩。

在杰克刚进入公司时，公司运营良好，杰克工作起来得心应手。后来，公司承担了一个大项目——在城市的各条街道做广告。全体员工对此惊喜万分，都全身心地投入到了工作中，因为这个项目将给公司和员工带来巨大的经济利益和发展前景。

公司总裁迈克·约翰逊是个精明的商人，他为人亲和，赢得了很多员工的尊重。在接到项目的月末，约翰逊召集全体员工开会："大家都知道，我们公司承担的这个项目巨大，仅仅准备工作就要耗资好几百万美元，而现在我们企业的资金比较紧张。我是这样想的，我们这个月的工资就放到下个月一起发放，还请你们能够理解公司的处境。工资早晚都会给你们，只要我们把项目搞好，大家一起来共享利润。"所有的员工都对总裁的话表示赞同。

但让人意想不到的是，由于估计不足，公司因资金缺乏项目无法进行，只有向银行伸出求援之手。但因款项数目巨大，银行也不愿支援，企业陷入困境。

在这个艰难的时刻，员工人心涣散，纷纷离去。但杰克仍然没有放弃。

一周后，公司人员所剩无几，甚至连高层主管和股东也离公司而去。这时有一家公司高薪来挖杰克，杰克对他们说："公司发展良好的时候给了我很多，现在公司有困难，我应该与公司共渡难关。在这个时候甩手离去，我不会做那样的事。只要约翰逊总裁没有宣布倒闭，总裁留在这里，我就不会离开，哪怕只剩下我一个人，我也会坚持到底。"

后来经过不懈的努力，公司终于渡过了难关，得到了银行的贷款，这个项目也因此得以最终实施并为公司带来了极大的收益。杰克很快接到了一个装有他工资的信封，然而当他欢喜地拆开信封时，一个更大的收获正在等待着他。

他发现信封中有一张一百万美元的支票以及一张股份授权书，他以为是约翰逊总裁不小心搞错了，特地带着支票前去询问。结果没想到总裁是这样回答他的："我没有搞错，这就是发放给你的薪水，这是你作为副总裁拿到的第一次薪水，我相信有决心与我坚持到最后一刻的人一定同样是公司的总裁。当然，作为公司的副总裁这15%的公司股份也是你应得的。"

杰克在公司面临巨大困境的时候，并没有像其他很多员工甚至高层领导那样选择另谋高就，而是怀着极强的"主人翁意识"与公司共进退。"患难见真情"这句话一点儿都没有错，如果一个员工能够在企业面临垮塌的危难关头依旧坚定地与企业站在一起，那么他一定是这个企业值得信赖的中坚力量。

身在职场的你与企业的命运紧紧相连，互为一体。企业面临困难就意味着你也面临着困境，此时如果你能够坚定地跟企业站在一起而不是为了摆脱困境而选择"逃跑"，那么你就是大浪淘沙过后留下的"金子"，企业和领导自然也会对你另眼相看。

5. 勤奋敬业，为企业创造价值

在职场中，只有当你尊重自己的工作，热爱自己的工作，全身心地投入到为企业创造价值中，你才能有更大的动力激发自己的潜能。只有这样，你才能表现出自己在职场中的价值，也能够提升自己的能力。所以说，个人进步的重要途径就是勤奋敬业，一心为自己的企业创造价值。

勤奋敬业是要求作为企业一分子的你以严肃、恭敬的态度对待自己的工作，那么什么样的员工才算得上是敬业呢？敬业并不仅仅是为了工作而经常加班加点，不仅仅是任劳任怨埋头苦干。敬业其实是一种更高层次的状态，敬业的员工有工作的激情，不可动摇的意志，不怕吃苦的精神，以及不计回报一心为企业创造价值的心。

从低一些的层次来讲，敬业是对本职工作能够竭尽全力去完成的一种表现，而如果上升到一个更高的层次，敬业是把为企业创造价值作为自己最高的追求和目标。这种具有更高层次敬业精神的人，一般都怀有极强的使命感和道德感，这样的人才是一家企业的中坚力量，是企业、领导最为看重的“瑰宝”。

有一位本领高超的木匠，因为年事已高就要退休了。他告诉他的老板：他想离开建筑业，然后和妻子儿女享受一下轻松自在的生活。老板实在是有点儿舍不得这样好的木匠离去，所以希望他能在离开前再盖一栋具有个人品位的房子来。木匠欣然答应了，不过令人遗憾的是，这一次他并没有很用心。他草草地用劣质的材料就把这间屋子盖好了。其实，用这种方式来结束他的事业生涯，实在是有点儿不妥。

房子落成时，老板来了，顺便看了看他的工作成果。然后老板把大门的钥匙交给这个木匠说：“这就是你的房子了，是我送给你的一个礼物！”木匠实在是太惊讶了！当然也非常后悔。因为如果他知道这间房子是他自己的，他一定会用最好的木材，用最精致的工艺来把它盖好。

其实你为企业所做的所有工作，归根结底都是在准备为自己建造一间“房子”。如果你不肯用一颗勤奋敬业的心去做，那么最终你只能住进自己为自己建造的最后的也是最粗糙的“房子”里。

因此，对于身在职场的你，一颗具有敬业精神的心是必不可少的。然而如果你想要真正地做到勤奋敬业，为企业创造更大的价值，光有敬业精神是远远不够的。随着市场竞争的日趋激烈，每个企业、每个员工都承受着巨大的压力和工作负荷。因此，对于一个员工来说，文化知识、业务水平、职业素质都必须要有一个提升和进步。一个人如果只有敬业的良好愿望，却没有敬业的基本素质，即使你希望能够成为一个敬业的员工，但却是永远无法落到实处的。

对于身处职场的你来说，最初的工作动机也许很简单，很平凡，也许就是想能够获得一份报酬来维持生计，也许就是希望有一份工作来充实生活。然而，当你已经走上了职场之路，这样的动机是远远不够的。而只有当你把爱岗敬业，为企业创造价值当成你工作的动机时，你才能够获得最强大的动力，也才有可能获得更长足的进步和更快、更好的提升。记住，在职场中没有卑微的工作，只有卑微的工作态度。不管你处于什么样的职位上，勤奋敬业地去工作就一定会成功。

6.

快乐工作，在奉献中实现自己的价值

快乐是我们每一个人都希望拥有的情感，如果在工作中时时刻刻都能够享受快乐，那将是一件莫大的幸事。在职场中的你可能会问："我每天都面临着艰巨的任务，做不完的工作，复杂的人际关系，我如何能够获得快乐？"确实，想要获得快乐，你往往要付出一些其他方面的代价。然而，有一种快乐是可以无偿给予你的。穆克曾经说过："我们能尽情享受的，只有施予的快乐。"没错，就是奉献精神，你从奉献中获得的快乐永远是无穷无尽的，并且不需要付出任何的代价。

当你在职场中生活了一段时间后，你可能会沾染上一些不良的心理。职场中缺乏奉献精神是有目共睹的，很多人将眼光仅仅放在自己能获得的利益上，而因此变得自私。然而，在职场中最为缺乏的东西往往也是最宝贵的东西。其实仔细想想，如果你愿意去奉献，那么你获得的东西将远远比那些自私的人多得多。

学会奉献能够让你的人生变得更"宽广"。每一个人一生都要走完一段或长或短的路途，然而正像蒙田所说的："生命的用途并不在长短而在我们怎样利用它。许多人活的日子并不多，却活了很长久。"一个人能否在别人眼中是一个出色、值得尊敬的人，并不是看他活了多久，而是看他能够被人们记住多久。在职场中也是一样，一个人是不是能赢得同事、领导的尊敬和器重，并不在于你在这里混迹了多久，而在于你奉献了什么。只有在风险中你才能更好地实现自己的价值，得到别人的肯定，才能在工作中获得快乐。

学会奉献还能够让我们从以自我为中心的"自私意识"中解放出来。而"自私意识"在职场中会让你越来越孤独，最终寸步难行。现今的职场中，交际圈子越广的人就越能站稳脚跟，工作也就会越发顺利，而一个拥有奉献精神的人肯定是大家都愿意去交往的目标。并且，只有当你脱离了"自私意识"的控制，你才能够真正地将精力集中在实实在在的工作中，这样才能体现你的价值。爱因斯坦曾经说过："一个人的真正价值首先决定于他在什么程度上和什么意义上从自我解放出来。"而当你学会了奉献，那么别人就都会肯定你的价值，这无疑能够让你在工作上获得更大的快乐。

王林元，是来自南充市阆中市宝台乡小学校的一名语文教师。他的学校地处偏远的大山之中，距离县城还要颠簸五十多公里的崎岖山路。

1991 年 9 月，出身贫寒的他怀揣着创业的青春梦想来到了宝台小学校。面对那破败的房屋上的枯草，面对那一个个衣衫褴褛的孩子，和他们充满渴求知识的眼睛，王林元的心灵震撼了

“这里就是我一生挥洒青春和热血的地方吗?”他不断问自己。18 年的一幕幕,犹如昨天,在王林元的眼前闪现。当他把女友带到这个偏僻的山乡时,她只是匆匆一瞥,什么也没说就离开了,再也没了音讯。王林元十分理解她,这里太贫穷,太落后,太闭塞,就是到县城,也还要走两三个小时的山路才能搭上班车。但从不认输的他知道,贫穷不是永远的,正因为贫穷才更需要改变的力量。他忍着痛失女友的悲伤,步伐坚定地走进了课堂,走进山区孩子的心里。

“知识能够改变命运”,在山里人的眼里,老师就是希望啊。从此,他一心扑在了对学生的教学上,把所知道的大山之外的世界讲给他们,把所学到的知识倾心地传授给他们。这一站,就是十八年!

十八年来,不知有多少汗水甚至是泪水洒在了大山之中。为了别人的孩子,他常常顾不上自己的孩子。为了不影响工作,他把自己的孩子寄养在岳父家里。2002 年 6 月,正在上课的他,突然接到别人捎来的口信,说儿子被开水烫伤了!他安排好班上的学生后,顶着炎炎烈日,连滚带爬地赶到岳父家,看到儿子时,他惊呆了:儿子双腿、双脚被开水烫得鲜血淋淋,那无助的眼神、痛苦的呻吟,像刀一样割着他的心,才刚刚两岁啊,何以能够,又怎么应该承受这样的痛苦!但他在把儿子送到医院,稳定了伤势后,马上托人在医院照顾,又匆匆赶回了学校。当他走进教室时,看见困倦的王老师,班上四十多位学生都痛哭失声:“老师,你去照顾你的儿子吧,我们会自己好好读书的。”

王林元从教十八年来,有很多学生走出了大山,有了自己的事业。每次回来探望启蒙老师时,看到他一家三口还住在一间不足二十平方米的小屋里,看到他的家徒四壁,都心疼得想哭。甚至有学生劝他离开,到他们的公司拿高薪,面对这些,王老师总是说:“我苦我穷,但只是苦累我一个人,如果我走了,那这里的学生怎么办啊!”

王元林正是这样一个无私奉献的人。在别人看来，他可能非常贫穷，物质生活水平极其低下。但是，奉献让他在自己的工作中非常快乐，同时也向世人展现了他的内在价值有多高。相比于那些整天投机取巧、自私自利的人，他的灵魂是那样地高大，他的人生是那样地“价值连城”。

在职场中的你如果也能够有这样的奉献精神，那么你也一定能够实现同样高的价值，而在别人的肯定声中，你自然而然地就会从工作中获得无尽的快乐，这就是奉献——这一人类最高贵的品格给予你的无价财富。

第六章

积极主动，把工作当成事业来做

1. 主动永远比被动更让人欣赏

对于如今的社会，市场竞争日益激烈，而这种竞争同样也给职场带来了竞争。大部分的企业为了能在日趋严峻的市场形势下搏得自己的一席之地，都在寻找积极主动，能够把工作当成自己为之奋斗的事业的员工。那些随时准备把握机会，主动寻找任务、主动完成任务、主动创造财富的人是每一个企业都希望得到的。

对于身在职场的你，如果你能够做到积极主动地去工作，那么不管是企业还是领导都会对你的行为极为欣赏。而那些只会被动工作的人，他们只会在接到工作任务不得不完成时才去行动，这样就让他们失去了很多可能的机会。要知道，机会是留给有准备的人的，只有你时刻主动地去寻找机会，机会才能适时地来临。

主动地去工作而不是被动地接受工作还能够培养你拥有一颗不断进取的热诚之心。在企业中，如果你能够怀着一颗热诚之心为企业创造价值，那么你就会尽自己最大的努力去完成工作，在这样的情况下，你的工作成果一定会更加突出。而借此你就能够蜕变成为一颗闪闪发亮的珍珠。当你有了如此的闪光点，那么就再也不用担心领导是否会关注你，因为你的光芒将吸引他的眼睛。

此外，主动地去工作还能够让你变得更“聪明”。人在主动工作时，肯定更加热爱思考，愿意动脑。如果你总是能够主动地去寻找工作，你就会总在思考：我该怎么做。而经常思考的人，大脑会得到更好的锻炼，智力和脑力也会因此而提高。其实在实际中你就不难发现，那些总是主动工作的人通常都很“聪明”。

王静是一名刚来北京不久的外地务工人员，她在一家餐馆找到了一个服务员的工作，在就业压力如此巨大的北京能够找到一份还算满意的工作，这让她十分珍惜，因而她在工作中非常主动，总是付出更大的努力。

这一天，北京突降大雪，交通不便，地面湿滑，路上行人走路都非常小心。这时餐厅突然响起了电话铃声，餐厅王静接起了电话，来电话的是北京银行的工作人员，他们是餐厅的老客户，今天他们打电话预订4份餐，并说20分钟后来取。接到客户的需求，王静忽然想到外面还在下着大雪，而此时餐厅的顾客也不多，于是她便主动提议给顾客送餐，一来照顾老顾客，二来避免顾客在恶劣天气下往返。打电话的人员听到后非常感激，连声道谢。送餐回来后，王静整个成了雪人，但她却一脸满足，她收获到了顾客额外的感谢。

这件事情悄悄地传到了餐厅经理的耳中，经理对于王静这种主动工作，主动完成自己职务以外的工作，全心全意为餐馆、为顾客着想的无私之心所感动，于是召集了餐厅的全体员工开了一次例会。

在例会上，经理对所有人说：“对餐厅而言，积极主动不一定体现在很大很重要的事上，它体现在日常管理和工作的点点滴滴上，在别人忙时主动帮助其承担一份工作；当快下班时，离家近的主动承担起最后一笔外卖；当发现顾客有需要协助时，主动伸出援手。这都能够让我们在竞争如此激烈的餐饮市场上获得一席之地。”

员工们都为经理的慷慨陈词所动容，都接连地夸经理说：“您真的很有远见，我们都相信在您的领导下我们会越来越好。”

而此时经理却说：“你们错了，这不是我的见解，而是王静的行为给我的启发，是她给我上了重要的一课。”

在例会结束时经理正式任命王静为餐馆的值班经理，负责管理餐馆日常的服务相关工作。

这则故事告诉我们，只有你开始主动地去工作，你做得比领导要求的更多时，你才能够从其他人中脱颖而出，吸引到领导的眼光，才能够在工作上获得更好的发展机会。在你的工作中，领导会不断地告诉你应该做什么，不应该做什么，由此造成了你的被动性思维。而如果你克服了这种被动思维，能够想到领导没有告诉你但又非常重要的事情，并且主动去做这些事情，那么你在领导心目中的位置就会更高，被器重的可能也就更大。

在职场中，没有人比你更在乎你自己的事业，没有什么东西像积极主动的态度一样更能体现你自己的独立人格。在现代的市场竞争中，企业的发展最终靠的是全体人员积极性、主动性、创造性的发挥。企业所渴求的人才不只是一个具有专业知识的、埋头苦干的人，而更需要的是积极主动、充满热情、灵活自信的人。在领导眼中，主动的人永远比被动的人更加值得重用。

2. 对工作倾注热情，燃起工作的熊熊烈火

在你的职场生涯中，总有那么一段时期你会做着非常平凡的工作。而这种平凡、枯燥的工作可能会让你认为它并不值得认真对待。这一观念是导致很多人最终没能从平凡走向成功的关键。如果你希望在职场中收获成功的果实，那么就不要“嫌弃”栽培它时的艰辛。谁都会有默默无闻的时候，而这时正是你栽培成功果实的关键时刻。对平凡的工作倾注

热情，将平凡的工作做到不平凡，这样你就会收获成功。

对工作倾注你的热情，这让你更容易在最为艰辛的时候咬牙坚持下来。当这一切的努力完全发自你的意愿时，你将会感觉到这是件多么快乐的事，你的心灵就会得到回报。并且，一旦你对工作充满热情，你就可以全身心地做事，而这种倾情投入是一种责任，一种气魄，一种精益求精的风格，一种执著追求的精神。我们所做的小事哪怕是细小的事，单调的事，也要发挥出自己的最高水平，体现自己最好的风格，并在做事中提高素质和能力。热情是一种精神，他永远是一笔取之不尽、用之不竭的财富，热情是一种难能可贵的品质，它能让你的人格更具魅力。

对于一个工作者来说，热情就如同生命，凭借热情，你可以释放出潜在的巨大能量，发挥出一种坚强的个性；凭借热情，你可以把枯燥乏味的工作变得生动有趣，使自己充满活力，培养自己对事业的狂热追求；凭借热情，你可以感染周围的同事，让他们理解自己、支持自己，培养良好的人际关系；凭借热情，你还可以获得领导的提拔和重用，赢得珍贵的成长和发展的机会。

劳拉从秘书学校毕业出来，想找一份医药秘书的工作，由于她缺少这方面的工作经验，面试了好几次都没有成功。

于是她开始运用热情原则，在劳拉面试的途中，她给自己打气说："我要得到这个工作。"她说："我懂这个工作，我是一个勤快而自律的人，我能够做好这个工作，医生将会视我为不可缺少的人。"劳拉一再对自己重复这些话，她充满信心地走进办公室。

在回答医生的问题时，劳拉充满了热情和自信，在自述时慷慨激昂地向医生阐述了自己是多么热爱医药秘书的工作。这次她没有再失败，医生很快通知她可以来上班了。

在工作了几个月以后，有一次在她与医生的攀谈中医生告诉她："当我看到你的申请上写着没有任何经验的时候，我本来不想雇用你，只是和你进行一次礼貌谈话而已。但是你的热情使我觉得应该试用你看看。你能把热情带进工作，我相信你一定能够成为一名很出色的医药秘书。”

劳拉用自己的行动和获得的结果向我们证明了，一个人内心对于工作的热情是可以感染其他人的。他们会认为这个饱含热情的人会将眼前的工作看成是一项神圣的天职，并怀着深切的兴趣。自然而然，不管是你的同事还是你的领导，都会被你的热情所打动，从心底愿意与你共事。

对自己的工作充满热情的人，不论工作有多么困难，或需要多大的努力，都会始终如一地用不急不躁的态度去进行。只要抱着这种态度，任何人一定会达到目标。爱默生说：“有史以来，没有任何一件伟大的事业不是因为热情而成功的。”这不是一段单纯而美丽的话语，而是迈向成功之路的路标。

3. 自动自发，把工作当成使命

作为一个“职场人”，工作对于你意味着一切。如果你失去了工作，就失去了“职场人”的基础，你也就会被职场“扫地出门”。既然工作对你如此重要，那么在你心中就要将它摆在一个重要的位置上。工作不仅仅是你谋求生存、获得报酬的工具，你更应当自动、自发地把工作当成你永远的使命，这样你才是一名合格的“职场人”，才能够在职场中站得更稳，走得更快。

你只有把工作当成一种使命，才能在工作中具有更强的责任感。一个人有了责任心，才能有激情、有忠诚、有奉献，才有成就一切事业的可能。而责任并不是嘴上去承担的，而是要你去用你的意志、你的实际行动去表现的。而只有你心里自动、自发地把工作当成一种使命，你才能够有更坚定的内心去承担责任。当你做到这一点，你就在职场中向前迈进了一大步，离成功也就更近。

当你把工作当成使命，你就会发自内心地热爱你的工作，从工作中获得更大满足感。工作可以充实你的生命，让你具有更高的价值。当你把工作当成使命，你就可以深刻地体会到创造价值时所产生的乐趣，获得的尊严，以及实实在在的成就感，体验这些内心情感是成就一番事业必不可少的环节。

有一个小和尚在寺里担任敲钟的工作。他每天早晨和黄昏各敲一次钟，动作简单，每天都在重复，没有任何技术含量。钟声只是寺院作息时间的标志，对小和尚来说，没什么大的意义。慢慢地，他产生了“做一天和尚，敲一天钟”的消极想法。

有一天，寺院里要举行剃度仪式，大家必须要准时出席。可是小和尚敲的钟声太小了，大家听不到，导致很多人都迟到了。由于小和尚不能胜任敲钟之职，住持宣布调他到后院劈柴挑水。小和尚很不服气：“我敲钟这么多年，没有功劳也有苦劳，只是因为这次敲得不够响亮就要处罚我？”

住持慢慢地说：“你敲的钟声空泛、疲软，证明你心中并未参透‘敲钟’这项看似简单的工作所代表的深刻意义。钟声不仅仅是寺里作息的标志，更重要的是要唤醒沉迷的众生。因此，钟声不仅要洪亮，还要圆润、深厚、悠远。你心中无钟，又怎么能胜任神圣的敲钟工作呢？”

一个简简单单的敲钟工作，而小和尚并没有把它当成是自己的使命，因此在敲钟时就无法达到更高的境界。对于职场中的你，如果你对待工作也抱着同样的心态，那么你的工作成果中也必将缺少“灵魂”，而只有空空的躯壳。你只有充满着使命感去工作，才能够将自己的能力发挥到极致，从而让工作成果成为一件“完美的艺术品”。

你只有把工作当成使命，才能从中感受到工作的意义，体验到工作给你带来的乐趣和动力。工作的首要目的当然是为了养家糊口，但不仅仅如此。如果仅仅是为了挣钱，那就和纯粹的买卖没有什么两样，你就等于把自己的生命一个月一个月地零售给企业，你愿意卖掉自己的生命来换钱么？只有当你把工作当成了使命，你才能在工作中收获快乐、动力、满足感等那些比金钱更加珍贵的东西。

4.自觉自愿，去做企业需要的事

鲍勃·尼尔森有一句对所有在职场中拼搏的人的忠告："不要坐等指令，请做需要做的事。"这句话道出了几乎所有企业的心声。相比于那些等待命令，只会按照企业和领导要求完成任务的人，他们更希望得到那些自觉自愿去满足企业需要的人。身在职场中的你，如果能够做到自觉自愿去完成企业需要你做的工作，那么你就正好迎合了大部分企业和领导的胃口，而成为职场中的"热门菜"。

当今社会，对企业、对员工的要求，都与以往有了很大不同，企业与员工的关系也发生了较大变化。公司所需要的员工，已不是事事等待领导吩咐，只会老老实实按指令行事的机器；而是充满了工作激情，善于以自己的判断和努力，积极主动地把需要做的事自觉办好的人。只有各层次的员工自觉发挥主观能动性，时刻思考如何改进工作，才能更好、更及时地满足顾客的需求，企业才能保持敏锐的市场反应能力，获得持续的竞争优势。因此，你不能仅仅是只做好领导吩咐的事情。因为面对公司组织的频繁调整和日益激烈的岗位竞争，任何人都不能高枕无忧，消极被动、坐等老板指令的人，越来越不受企业的欢迎。

事实证明，只有那些具有更高主人翁意识，工作中自觉自愿去做企业需要的事，表现出更高的积极性的人才能够推动公司前进，才会赢得企业和他人的承认和尊重，才会有更多的锻炼和提升机会，才能实现更高的人生价值。

张朝是一家大型外企的一名普通的员工，在精英云集的企业中，他显得那么默默无闻。然而张朝有一个习惯，他在工作中从来都是发现需要做的事情就去做，经常在老板安排任务之前就已经做好了有序的计划，并且经常做一些分外的事情。

有一次，公司有一个去偏远山区进行调研的任务，公司里几乎所有的人都想尽办法希望躲掉这个差事，有谁会想去那么艰苦的地方呢？老板正在为这件事情头疼时，张朝来到了他的办公室对他说："老板，我来去进行这次调研任务吧，我已经把出差的行头都准备好了。"老板很欣慰地同意了。

于是，张朝在当天下午准备出发，当他接过老板递来的机票时，却大吃一惊，他怀疑那么偏远的地方真的有机场么。然而当他仔细地看了手中的机票，才发现原来这是一张去往夏威夷的机票。他不解地询问老板，老板笑着对他说："你总是自觉为公司奉献更多，该让自己好好休个假了，你的行程公司已经全部帮你制定好了，快出发吧。"

张朝自觉自愿地为公司奉献自己的一切，因此他也获得了应有的奖励。企业对于那些甘愿为之付出，不计回报的人往往会给予丰厚的回报，而对那些只想着自己那点儿小利益的员工则会很"吝啬"。

人们的工作态度或工作表现，大凡有三种境界：最低一种层次，心中无事，眼中无活，趋轻避重，就易怕难，能推就推，挑肥拣瘦，催催动动，拨拨转转，应付差事，得过且过，粗枝大叶，马马虎虎，熬时间，混日子，不思进取，缺乏敬业精神和责任感。第二种境界，一般能服从命令，听从指挥，在各种条件具备或有他人配合的情况下，能较好完成领导交办的任务，但缺乏高度的自律意识和强烈的事业心、责任感，难以真正让领导放心。第三种境界，具有强烈的事业心、责任感，干工作不讲价钱和条件，自觉自愿地去完成企业需要的工作，即使是老板没有交代的任务，只要对企业有利也会想尽办法、竭尽全力去完成。这样的员工通常能在工作上独当一面，是领导的得力工作助手和重要工作离不开的优秀骨干。

如果你也希望能够在职场中让别人看到你有多优秀，那么就去自觉自愿地为自己的企业奋斗吧，在这种行为下，你将闪耀最美丽的光芒。

5. 比要求的多做一点点

很多人花费大量的时间和精力去寻找成功的捷径，却从来不肯多花费一点儿时间用在工作上。其实，不要小瞧比别人多付出的那一点儿，它也许就会改变你的一生，伟大的成就通常是一些平凡人们经过自己每次“多一点”的努力而取得的。

“每天多做一点点”会使你获益良多。“每天多做一点点”看似微不足道，但日积月累，就会是一笔很大的财富。一个好员工，只是全心全意、尽职尽责为公司工作还不够，你还要时刻提醒自己：我可不可以为公司、为客户多付出一点点。其实，每天多付出一点点并不会把你累垮，相反，这种积极主动的工作态度将使你更加有活力，会给自我的提升创造更多的机会。一个好员工常常会比老板说的多做一点儿，而不是像块儿石头一样，等着老板踢一脚动一下；更不会像个陀螺，抽一下就动，不抽就停了。

每天多付出一点点，能让你在公司里脱颖而出，这个道理对于普通职员和管理阶层都是一样的。每天都能多付出一点点，上司和客户都会更加信任你，从而赋予你更多的机遇。看看你的身边，你会发现，有许多优秀的员工都很主动地去多做事情，这些人是公司的骄傲，是公司的财富。

他们每个人都是很平凡的人，使他们显得与别人不同的原因，仅仅是他们愿意每天多付出一点点。

卡洛·道尼斯在刚开始为杜兰特工作时职务很低，仅仅是一个不起眼的小员工。但现在他却已成为杜兰特先生的左膀右臂，担任其下属一家公司的总裁。

谈及自己的职场成功之道时，卡洛·道尼斯平静地说：“在为杜兰特先生工作之初，我就注意到，每天下班后，所有的人都回家了，杜兰特先生仍然会留在办公室里继续工作到很晚。因此，我决定下班后也留在办公室里。是的，的确没有人要求我这样做，但我认为自己应该留下来，在需要时能够给杜兰特先生一些帮助，多做一些事情。工作时杜兰特先生经常找文件、打印材料，最初这些工作都是他自己亲自来做。很快，他就发现我随时在等待他的召唤，并且逐渐养成招呼我的习惯……”

正是由于道尼斯每天都留下来多做一点点，给了他经常能够替老板做事的机会。这就使道尼斯获得了更多赢得上司赏识的机会，逐渐成为不可替代的重要人员。对于职场中的你也是一样，在你抱怨为何永远获得不了领导的目光时，不妨想想自己是否愿意多做一点点，多付出一些辛苦。

每天多做一点点，意味着什么呢？意味着改变自己。一件事情会影响一个人的命运，也许几件事情就会改变一个人的一生。只要你每天多做一点点，每天都是一个阶梯，都是向着既定的目标迈进的重要一步。换句话说，只有不断地追求，才有不断的进步。只有不断地行动，才有不断的成就。每天多做一点点，日积月累，作为普通员工的你就会由量变引起质变，也会攀上成功的阶梯，摘取满意的成果。

“多做一点点”看似吃亏，实际上这却是增加你个人附加价值的好机会，也是让你迈向成功的坚实的基础。成功者与失败者的差距，并不像大多数人想象的那样，有一道巨大的鸿沟横亘在面前。成功者与失败者的差距在一些小小的事情上。每天比他人多做一点点,每天多花五分钟的时间查阅资料,多打一个电话,多想想工作,在适当的时候多一个表示,多做一些研究,日久天长你将比别人创造出更大的价值,还用担心不能成功吗?

6.

主动争先,敢于挑战"不可能"

当你对自己说"不可能"时,你就等于劝自己放弃。然而在职场中,主动放弃是一件非常有损你职业形象的事情。在老板眼中,优秀的员工是那些敢于向困难挑战,有"冲锋陷阵"精神的员工,如果老板在交给你一项任务时,你却对老板说你无法完成,你也能想象到老板对你会有多失望。因此,学会主动争先,鼓起勇气去挑战"不可能",再也不要对自己说:"我做不到。"

勇于向"不可能完成的工作"挑战的精神,是获得成功的基础。职场之中,很多人虽然颇有才学,具备种种获得老板赏识的能力,但往往有个致命弱点:缺乏挑战的勇气,只愿做职场中谨慎的"安全专家"。对不时出现的那些异常困难的工作,不敢主动发起"进攻",一躲再躲,恨不能避到天涯海角。他们心想要想保住工作,就要保持熟悉的一切,对于那些颇有难度的事情,还是躲远一些好,否则,就有可能被撞得头破血流。结果,终其一生,也只能从事一些平庸的工作。

古时候日本渔民出海捕鳗鱼,因为船小,回到岸边时鳗鱼几乎都死光了。但是,有一个渔民,他的船和船上的各种捕鱼装备,以及盛鱼的船舱,和别人没有什么不同,可他的鱼每次回来都是活蹦乱跳的。他的鱼因此卖的价钱高过别人一倍。没过几年，这个渔民就成了远近闻名的大富翁。这个人一直保守着这一秘密。

直到身染重病不能出海捕鱼了，才把这个秘密告诉了他的儿子："只有勇于接受挑战，才能拥有成功和希望。"

原来，他在装鳗鱼的船舱里，放进一些鲶鱼。鳗鱼和鲶鱼生性好咬好斗，为了对付鲶鱼的攻击，鳗鱼也被迫竭力反击。在战斗的状态中，鳗鱼求生的本能被充分调动起来，所以就活了下来。而没有放进鲶鱼的鳗鱼，之所以死去，是因为它们知道被捕住了，等待它们的只有死路一条，生的希望破灭了，所以在船舱里过不了多久就死掉了。渔民最后忠告他的儿子：要勇于挑战，只有在挑战中，生命才会充满生机和希望。

这个来自日本民间的寓言说明了主动争先的重要性。挑战往往是你激发潜能的根本动力，因此在面对挑战时你要勇敢争先，去迎接那些"不可能"，而当你战胜它时，你就能够获得很高的成就感和价值感。一个人的生命中若连一次挑战都没有经历过，只是不停地告诉自己"不可能"而选择逃避，那么他的肉体虽然还活着，精神却已经死了。

职场之中，渴望成功，渴望与老板走得近一些，是多数员工的心声。如果你也在其列，那么当你面对一件别人认为难以完成的工作时，不要抱着"唯恐避之不及"的态度，更不要重复"根本不能完成"的念头。而是应该在面对困难时，迎难而上，主动争先去挑战"不可能"，当你把"不可能完成的工作"变成可以完成的工作时，你的能力就会在这一刻得到肯定，你勇敢面对困难的精神也一定会获得老板的赏识。

人的潜力是无穷的，告诉自己一定能够完成。怀着这种积极的心态，用行动去争取"职场敢死队"的荣誉吧。让周围的人和老板都知道，你是一个意志坚定，富有挑战力，做事让人放心的好员工。不要害怕在挑战中失败，聪明、成熟的老板，一定不会只看结果是成功还是失败了，他会更在意你的挑战精神和在挑战过程中所表现出的能力。去迎接"不可能"的挑战吧，你所经历的、所得到的，都是胆怯的观望者们永远都没有机会知道的，因为他们根本就不敢尝试。

第七章

认真负责，
尽职尽责把工作做到最好

1.

认真负责是至高无上的职业精神

在职场中，责任无处不在，每个人肩上都担负着或多或少的责任。而认真对待责任是每一个身在职场的人都应当遵守的底线。责任的存在更像是给所有人的一种考验，有的人面对责任选择了逃避，于是他渐渐被遗忘在了职场的角落里；而有些人面对重大责任能勇于扛起来，这样的人往往会被人记住很久很久。

认真负责就是一种主人翁的心态。如果能够保持认真负责的态度去工作，你就能把企业真正看成自己的家，把自己看成是企业的一部分，那么你就会像对待自己、对待家人、对待家庭一般，去对待你的工作。当你做到了这一点时，你的工作能力、工作成果就一定会有突飞猛进的提高。因此可以说认真负责是你在事业上不断进取的前提。

认真负责还能够让你变得爱岗敬业。俗话说，干一行，像一行；干一行，爱一行。当你真正热爱你的职业，认为自己的职业是伟大的、有意义的，对社会是有贡献的，才会在工作中具有更强的动力，才会做到“钻一行，精一行”，成为职场中的精英。

认真负责还能培养你吃苦耐劳的精神。身在职场的你工作肯定是十分辛苦的，但是如果你能够秉承认真负责的态度去工作，这种辛苦给你增加的疲劳程度就会大大减小，因为你的心中有坚定的信念。你的企业正处在经济发展的车轮上。发展，就是从无到有，从少到多，完成这种变化需要我们每个人的辛勤付出，需要我们的不畏艰苦。所以你如果能在企业中肯吃苦耐劳，认真负责地去工作，那么你一定会是领导眼中值得培养的好员工。

有一位母亲和两个女儿，母女三人相依为命，过着简朴而平静的生活。后来，母亲不幸病倒，家里的经济状况开始恶化起来。这时候，大女儿珍妮决定出去找工作，以维持家庭生计。

她听说离家不远的地方有一片森林，里面充满着幸运。她决定去碰碰运气。

如人们传说的那样，一切都很幸运。当她在森林中迷失方向、饥寒交迫的时候，抬眼一看，不知不觉之中她已经来到一间小屋的门前。

一跨进门，她吃惊地缩回了脚步，因为她看到了杯盘狼藉、满地灰尘的场面。珍妮是一个喜欢干净的姑娘，等她的手一暖和过来，她就开始整理房子。她洗了盘子，整理了床，擦了地。

过了一会儿，门开了，进来了12个她从没见过的小矮人。他们对屋里焕然一新的环境十分惊讶。小女孩告诉他们，这一切都是她做的。她妈妈病了，她出来找工作，想在这里歇歇脚。

小矮人们非常感激。他们告诉她，他们的仙女保姆去度假了。由于她不在，房子变得又脏又乱。现在他们需要一个临时保姆。

小女孩高兴极了，她马上表示愿意当他们的临时保姆。

工作生涯开始了。第二天，她早早地起床，给主人们做早餐，打扫屋子，准备晚餐，手脚勤快，工作又认真。

第三天、第四天也是如此。

到了第五天的时候，她透过厨房的窗子看到了美丽的森林风景。“对了，自从来到这里，我还没有见过白天森林的景色。出去看看吧。”小女孩对自己说道。

一切都是那么新奇。她在外面玩了整整两个小时。回到屋里的时候，太阳已经快落山了。她急急忙忙地跑过去整理床铺，洗盘子，准备晚饭。还有一件重要的事情——打扫地毯和地毯下面的灰尘。但由于时间太短，她决定不打扫地毯下面的灰尘了。“反正地毯下面没人看得见，有点儿灰尘也没有关系。”

一切都非常顺利，小矮人回来后，并没有发现什么。

又过了一天，珍妮又跑出去玩，又没有打扫地毯下的灰尘。“我每周清理一次灰尘就可以了。”珍妮对自己说道。

又过了5天，小矮人们也没有说些什么。用过晚餐，他们聚在一起打扑克。其中有一位小矮人丢了一张牌，他们到处寻找都没有找到。这时候有一位小矮人开玩笑地说：“说不定那张牌钻到地毯下面去了。”

很不幸的是，居然有人相信他的话，他们揭开了地毯，看见了灰尘满地的地板。

结局如你所料，幸运之神不再眷顾珍妮，她丢掉了这份工作，离开森林，开始寻找下一份工作。在深深的懊悔中，她开始明白：就算机会垂青，工作机遇降临身边，也要付出责任心，百分之百地完成自己的工作。这样才算真正地掌握了机会，利用了机会。

这虽然只是一个童话故事，然而故事却告诉我们一个浅显但又经常被人忽视的道理：如果你不能够认真负责地对待工作，那么即使有幸运之神的眷顾，你也不会得到更好的发展和机会。

任何伟大的工程都始于一砖一瓦的堆积，任何耀眼的成功也都是从一跬一步中开始的。这一砖一瓦、一跬一步的累积，都需要你以尽职尽责的精神去一点一滴地完成它。因为它是你成功的基石，如果连基石都不能抱着认真负责的态度将它打牢，那你又怎能在上面建造起雄伟的高楼大厦呢？

在你的生活当中，有大部分的时间是和工作联系在一起的。不是工作需要人，而是任何一个人都需要工作。你对工作的态度决定了你对人生的态度，你在工作中的表现决定了你在人生中的表现，你在工作中的成就决定了你在人生中的成就。所以，如果你不想拿自己的人生开玩笑，那就在工作中勇敢地负起责任来，做一名认真负责的合格“职场人”。

认真负责是一种无上的职业精神，你只要有了这种精神，在职场中就将获得更加平坦的路途，更加光明的未来。

2. 不管任何工作，都要精益求精

在如今的职场中，竞争日趋激烈，而为了能够在众多的竞争者中成为“赢家”，你当然希望自己能够把工作做好，从而赢得老板的赏识。你如果想要做好工作中的每一件事，那么就需要有认真、仔细的态度。然而，仅仅是把事情做好还是不够的，因为很多人都可以把自己的任务很好地完成。因此，在做任何工作时，如果你想脱颖而出，就需要有一个精益求精的执著心态。

职场这个大舞台上，有着各种各样不同的角色。有的人对待工作漫不经心，经常犯错，那么他们扮演的就是小丑的角色；而有的人能够很好地完成自己的工作，在工作上也没有太大的失误，这样的人往往扮演着一个普通人的角色；而另外一些人，他们在工作中追求精益求精，在完成工作的基础上比别人做得更多、更好，这样的人往往才是这个职场中的精英，是别人眼中的佼佼者。

把一件简单的事情完成很容易，但是要把一件简单的事情做得比别人更好就是难上加难。精益求精的意义正在于此。它能够让你不管对待简单还是复杂的工作，都尽力发挥出百分之一百二十的努力，这样做事的结果可想而知：你的工作成果肯定会比很多人更加出众，你的能力也会很快得到提升。

于长江是一名医学院毕业的医学学士，毕业后他在一家大医院找到了一个心外科医师的工作。于长江虽然是一位年轻医生，在心外科短短两年的工作时间里，他真正地做到了“爱岗敬业、真心奉献”。他用自己的勤奋好学、认真工作赢得了前辈和同事的认可，他用自己的知识和勤劳赢得了患者的夸奖。他的座右铭——精益求精地对待每一次诊断、每一个手术，哪怕它再不起眼。“心静如佛者，方能为医生”，在这个物欲横流的世界，他能够始终如一地坚守一颗踏实工作的心，在工作上精益求精，实属难能可贵。

在这个医患关系紧张，缺乏信任的时代，他如佛家一般博爱，将病人看作自己的亲人，精益求精地为他们除病痛，保健康。常常看到他不分上下班地穿梭在病房里，在病人身边，一遍遍地检查，不厌其烦地解答病人这样那样的疑问。在他的个人网站上家属来信说到“于医生是一位难得的医生，五一的时候很多人都放假了，可他每天都坚守在自己岗位上，每天都过来查房，认真地了解病情，对待病人就像对待自己的家人一样。他这种敬业的精神让我深深的感动。希望在这个大医院当中能够涌现出更多个像于长江这样的好医生”。

精益求精——这是他对知识和技术的追求态度。他的案头总是整齐地摆满专业书籍，他的学习笔记一本又一本，常常见他为了一个问题反复请教科室的前辈们。正是这种精神让他进步飞快，很多在医院工作数十年的老医生都为他的精神所震撼，他们都说：“我已经好多年没有见过这样的医生了，他是真正配得上自己身上白大褂的人。”

正是精益求精的工作精神，让于长江不管是在患者还是在医院其他同事眼里，都成为了一名称职的好医生。也正是精益求精给他医术的飞逗提高奠定了坚实的基础。“世上无难事，只怕有心人”，以一个精益求精的态度去对待工作，你也能够做出与他一样的成绩，也能够散发出同样的人性光芒。

在职场中，很多人虽然能够很好地完成自己的工作，但是对于工作质量上的追求却不尽相同。只有那些把自己的工作成果看成一件艺术品，不允许它身上出现一点儿瑕疵的人，才能够向同事、向领导展现出自己更高的追求和更强的能力，才能够在这个竞争激烈的职场中赢得更高的地位。

3.

注意细节，和“马虎”“差不多”说再见

在职场中的你是否对“细节决定成败”这句话深有体会。不管是在自己身上还是周围的人身上，每天都在发生着“细节决定成败”的事情。如果你在工作中比别人多一分认真，多一分仔细，对任何细节的事情都给予更大的关注，那么你的工作一定会比别人做得更出色，犯错误的几率也会更低。

如果你希望在职场中前行得更加顺利，那么就和“马虎”说再见，和“差不多”说再见。它们是你职场路上阻碍你前进的大敌，不要让它们拖住你的脚步。每一件伟大的事业都像一株参天大树，除了“主干”还有许多“细枝末节”，如果你能够将每一个细节都在意起来，经常帮它“修枝剪叶”，那么你这株“事业树”一定会成长得更加茂盛。

中国道家创始人老子有句名言：“天下大事必作于细，天下难事必作于易”。意思是做大事必须从小事开始，天下的难事必定从容易的作起。因此，你如果想成就一番“大事”，那么就从细节开始，培养注意细节，认真仔细的习惯，这是一个做大事的人最基本也是最重要的素质。“泰山不拒细壤，故能成其高；江海不择细流，故能就其深。”天下之事最怕认真二字，如果你注意到了工作中的每一个细节，注意到了那些其他人没有发现或是不屑于去关注的事情，你就已经比别人离成功更近了。

泰国的东方饭店堪称亚洲之最，不年前一个月预定是很难有入住的机会的，而且客人大都来自西方发达国家。东方饭店的经营如此成功，他们有什么特别的优势吗？他们有新鲜独到的招数吗？回答是否定的，没有，什么都没有。那么，他们究竟靠什么获得骄人的业绩呢？要找到答案，不妨先来看看一位姓王的老板入住东方饭店的经历。

王老板因生意需要经常去泰国，第一次下榻东方饭店就感觉很不错；第二次再入住时，他对饭店的好感迅速升级。那天早上，他走出房间去餐厅时，楼层服务生恭敬地问道："王先生是要用早餐吗？"王老板很奇怪，反问："你怎么知道我姓王？"服务生说："我们饭店有规定。晚上要背熟所有客人的姓名。"这令王老板大吃一惊，因为他住过世界各地无数高级酒店，但这种情况还是第一次碰到。王老板走进餐厅，服务小姐微笑着问："王先生还要老位子吗？"王老板更吃惊了，心想尽管不是第一次在这里吃饭，但最近的一次也有一年多了，难道这里的服务小姐记忆力这么好？看到他吃惊的样子，服务小姐主动解释说："我刚刚查过电脑记录，您在去年的 6 月 8 日，在靠近第二个窗口的位子上用过早餐。"王老板听后兴奋地说："老位子！老位子！"小姐接着问："老菜单，一个三明治，一杯咖啡，一个鸡蛋？"王老板已不再惊讶了："老菜单，就要老菜单。"

王老板就餐时餐厅赠送了一碟小菜，由于这种小菜王先生是第一次看到，就问："这是什么？"服务生退两步说："这是我们特有的小菜。"服务生为什么要先后退两步呢？他是怕自己说话时口水不小心落在客人的食物上。这种细致的服务不要说在一般酒店，就是在美国最好的饭店里王老板都没有见过。

后来王老板两年没有再到泰国去。在他生日的时候突然收到一封东方饭店的生日贺卡，并附了一封信，信上说东方饭店的全体员工十分想念他，希望能再次见到他。王老板激动得热泪盈眶，发誓再到泰国去，一定要住在东方饭店，并且要说服所有的朋友像他一样选择东方饭店。

东方饭店在经营上的确没使什么新招、高招、怪招，他们采取的仍然是惯用的传统办法：提供人性化的优质服务。只不过，在别人仅局限于达到规定的服务水准就停滞不前时，他们却进一步挖掘，抓住大量别人未在意的不起眼的细节，坚持不懈地把人性化服务延伸到方方面面，落实到点点滴滴，不遗余力地推向极致。由此，他们靠比别人更胜一筹的服务，赢得了顾客的心，饭店天天客满也就不奇怪了。

对于身在职场的你，东方饭店的例子应当能让你从中受到不小的启发，感受到细节的重要。著名的木桶理论认为，一只木桶盛水的多少，取决于最短的那根木板。而细节从某种意义上说，就是那块儿最短的木板。如果你更注重细节，抛弃“马虎”和“差不多”的想法，那么你实际上就是在提升那块儿“短板”，从而让你的进步更快，能力更强。

细节是一滴滴润物细无声的露珠，是一缕缕清爽怡人的春风；细节，是一串串拨动心弦的音符，是一次次感动生命的诗句。细节充盈着爱意，传递着真情，散发着美的芳香。认真对待这些美丽的细节，在你面前迎面走来的将是一个个成功的机遇。

4. 一份工作就是一份责任，把责任根植于内心

假如智慧如同金子一样珍贵的话，那么还有一种东西则更加珍贵，就

是勇于负责的精神。责任感是一种品质，也是每个人必备的美德。作为一名员工，凡事更是要敢于承担、敢于负责，在公司出现问题时，更不能置身事外，而应该站在公司的立场上，为公司着想，并努力担负起自己应该承担的责任，而不是找借口逃避或推诿。这样才能赢得老板的欣赏、同事的信任。

那么，你需要如何把责任根植于心呢，从而让自己成为一个具有责任感的人呢？

首先，你要学会全身心地投入到工作中去。如果一个人愿意为自己的工作负责，那么他一定是热爱这份工作，能够把自己的全部身心都投入到工作中去的。只有这样，你才能不受到各种外部因素的干扰，才能够在面对困难时勇于去挑战，才能够像爱自己的孩子一样热爱企业、热爱自己的岗位。

其次，你要能够以绝对认真的态度去做任何一件事情。在工作中，你可能会遇到"大事"，也可能会在做一些琐碎的"小事"。不管事情是什么样的，只要是企业的事，是你应该做的事，是对你实现价值有帮助的事，那么你就都需要抱着绝对认真的态度去完成。很多人的成功都是在小事上的不断积累基础上才最终达到在做艰巨的任务时"一鸣惊人"的。

最后，肩负责任最重要的核心还是提升自己的能力。如果你想要把责任根植于心，那么你就要有能力去负起这份责任。在平时的工作中，你应当更留意自己所能获得的知识、积累的经验，对于一些虽然与你的岗位无关但是也能帮助你提升的事情，要怀着主动的心态去做。只有这样你才能更快地提升自己，从而能够肩负更重的责任。而当你因为能力的提升而肩负了更重要的责任时，这份责任也会反过来增强你的"主人翁意识"，让你成为一个更具责任感的员工。

小田千惠是著名的索尼公司销售部的一名普通接待员，她的工作职责就是为往来的客户订购飞机票、火车票。有一段时间，由于业务需要，她经常会为美国一家大型企业的总裁订购往返于东京和大阪的车票。

后来,这位总裁发现了一个非常有趣的现象:他每次去大阪时,座位总是紧邻右边的窗口,返回东京时,又总是坐在靠左边窗口的位置上。这样每次在旅途中他总能在抬头间就能看到美丽的富士山。“不会总有这么好的运气吧?”这位总裁对此百思不得其解,随后便饶有兴趣地去问小田千惠。

“是这样的,”小田千惠笑着解释说,“您乘车去大阪时,日本最著名的富士山在车的右边。据我的观察,外国人都很喜欢富士山的壮丽景色,而回来时富士山却在车的左侧,所以,每次我都特意为您预订可以一览富士山的位置。”

听完小田千惠的这番话,那位美国总裁打内心深处产生了强烈的震撼,由衷地称赞道:“谢谢,真是太谢谢你了,你真是一个很出色的雇员!”小田千惠笑着回答说:“谢谢您的夸奖,这完全是我职责范围内的工作。在我们公司,其他同事比我更加尽职尽责呢!”

美国客人在感动之余,对索尼的领导层不无感慨地说:“就这样一件小事,贵公司的职员都做到尽职尽责,那么,毫无疑问,你们会对我们即将合作的庞大计划尽心竭力的,所以与你们合作我一百个放心!”

令小田千惠没有想到的是,因为她的尽职尽责,这位美国总裁将贸易额从原来的500万美元一下子提高至2000万美元。更令小田千惠惊喜的是,不久她就由一名普通的接待员提升至接待部的主管。

具备高度的责任心,即便是一份普通接待员的工作也可以尽职尽责地做到最好,因此帮助公司赢得了更加广阔的发展空间,也迎来了自己职业生涯的转折点。可见,一旦你培养出很好的责任心,那么成功也就近在眼前了。

一个员工只有真正承担起责任,把工作当做自己的事业来用心去做,他才能真正展示自己的才华,在工作中完全发挥出自己的水平。有人曾说过一句话："人生所有的履历都必须排在勇于负责的精神之后。"一个普通的员工，一旦具备了勇于负责的精神，他的能力就能够得到充分的发挥。

在现在的企业中，管理者越来越需要那些敢作敢为、能勇于承担责任的员工。想要获得老板的重视，前提是要用你的责任心和才能去引起老板的重视，因为责任意味着忠诚，意味着全心全意地付出。在工作中，你付出了多少，就能收获多少，如果都能做到像小田千惠那样，用极大的责任感对待自己的工作，承担职业生涯中的责任，那么，你一定能够比别人更出色。因此，去培养一份责任感把它根植于心吧，我相信这样的"播种"一定能够让你收获成功的"果实"。

5. 任何时候决不推卸责任

在《西点军校经典法则》中，第一条便是决不推卸责任。在这个世界闻名的优秀军校中，责任被放在了最首要的位置上，可见它有多么重要。对于在职场中的你来说，对责任也一定要铭记于心。如果有一部《职场经典法则》，那么你一定要相信，责任也会在其中名列第一，因为它的重要性人尽皆知。

几年前，美国著名心理学博士艾尔森对世界100名各个领域中的杰出人士做了问卷调查，结果让他十分惊讶——其中61名杰出人士承认，他们所从事的职业，并不是他们内心最喜欢做的，至少不是他们心目中最理想的。这些杰出人士竟然在自己并非喜欢的领域里取得了那样辉煌的业绩，除了聪颖和勤奋之外，究竟靠的是什么呢？

"那里有我应尽的职责，我必须认真对待。不管喜欢不喜欢，那都是我自己必须面对的，都没有理由草草应付，都必须尽心尽力，尽职尽责，那不仅是对工作负责，也是对自己负责。有责任感可以创造奇迹。”一位名为苏珊的美国证券界风云人物这样说。

许多的成功人士之所以能出类拔萃，在他们的职场经历中与苏珊的思考大致相同——因为种种原因，自己常常被安排到并不十分喜欢的领域，从事了并不十分理想的工作，一时又无法更改。这时，任何的抱怨、消极、懈怠，都是不足取的。唯有把那份工作当做一种不可推卸的责任担在肩头，全身心地投入其中，才是正确与明智的选择。正是在这种“在其位，谋其政，尽其责，成其事”的高度责任感的驱使下，他们才赢得了令人瞩目的成功。

野田圣子的第一份工作是在帝国酒店当白领丽人，在受训期间负责清洁厕所，每天都要把马桶擦得光洁如新才算合格。可是自出娘胎以来，她从未做过如此粗重的工作，因此第一天伸手触及马桶的一刻，几乎呕吐，甚至在上班不到一个月时便开始讨厌这份工作。有一天，一名与圣子一起工作的前辈在清洁马桶后居然伸手盛了满满一杯厕所水，并在她面前一饮而尽，理由是向她证明经他清洁过的马桶干净得连水也可以饮。

此时，野田圣子方发现自己的工作态度有问题，根本没资格在社会上肩负起任何责任，于是对自己说：“就算一生要洗厕所，也要做个洗厕所最出色的人。”

结果在训练课程的最后一天，当她清洁马桶之后，也毅然喝下了一杯厕所水，并且这次经历成为她日后做人、处事的精神力量的源泉。

野田圣子——既是日本内阁中最年轻的阁员，也是唯一一位女性大臣。然而有谁能想象得到，她的事业起点却是从喝马桶水开始的呢。

野田圣子的最初的工作与在职场中的你相比可能都显得非常“低

下”，然而她面对自己的工作却抱有了一种极高的责任感。在责任感的帮助下，她从一名清洁马桶的普通保洁员最终成为了日本的邮电大臣，可见一份能够肩负起责任的肩膀具有多么强的力量，它甚至能够托起你的整个世界。

在工作中，你也经常能听到其他人各种各样的借口，或是自己在工作上遇到困难和挫折时也会找这样的借口：“那个客户太挑剔了，我无法满足他。”“我可以早到的，如果不是下雨。”“我没有在规定的时间里把事做完，是因为……”“我没有足够的时间。”等等。而找借口的目的只是为了逃避自己的责任，这并不是一个有成功潜质的人应该选择的方式。

那些实现自己的目标，取得成功的人，并非有超凡的能力，而是有超凡的心态。他们能积极抓住机遇，创造机遇，而不是一遭遇困境就退避三舍，寻找借口。人们必须停止把问题归咎于他人和自己周围的环境，而应当勇于承担自己的责任。一旦自己作出选择，就必须尽最大的努力把事情做好，一切后果自己承担，决不找借口，不推卸责任。

第八章

勤奋努力，用业绩证明自己

1. 勤奋是职场成功的不二法门

对职场来说，忠诚敬业是一名优秀员工的职业操守，勤奋努力则是最完美的职业态度。只有勤勤恳恳、扎扎实实地勤奋工作，才能把自己的才能和潜力全部发挥出来，才能在短时间内创造出更多的价值，才能够在竞争如此激烈的职场中让别人看到你，从而成为职场中的佼佼者。

勤奋工作既是一种能力和克己的训练，也是创造辉煌成就的前提，勤奋工作能激活人内在的激情，勤奋是永不过时的职业精神。不论在什么时代，什么潮流和什么思想下，勤奋永远是受人尊崇的职业品质。只有勤奋才能做好工作，才能使人达到成功，而懒惰在职场中是没有市场的。

其实，我们谁都无法否认，人都是有惰性的，只是每个人"惰"的程度不同而已，关键是我们要去有意识地规避惰性，去激发自己的积极性。要想在这个人才辈出的时代走出一条完美的职业轨迹，唯有依靠勤奋的美德。只有那些勤奋努力、做事敏捷、反应迅速的人，只有充满热忱、血气如潮、富有思想的人，才能把自己的事业带入成功的轨道。这是从古至今亘古不变的真理，也是永不过时的恒久精神。

20 世纪 90 年代，心理学家埃里克森和他的两个同事在柏林的顶级音乐学院做了一个实验。

在老师的帮助下，他们把音乐学院中学习小提琴演奏的学生分为三组。

第一组是学生中的明星人物，具有成为世界级小提琴演奏家的潜力；

第二组学生只是被大家认为比较优秀；

第三组学生的演奏水平被认为永远不可能达到专业水准，他们将来的目标只是成为学校的音乐老师。

接下来，所有学生都被问到同一个问题，从拿起小提琴到现在，你总共练习了多少个小时？

所有的学生，都开始回顾过去的时间，差不多都是从5岁的时候开始的。开始的几年内，所有人的练习时间都差不多，一周2—3小时。到8岁左右，那些明星学生的练习时间开始多于其他学生：9岁的时候每周6小时，12岁的时候每周8小时，14岁的时候每周16小时。

结果是：到20岁的时候，第一组的学生的练习时间差不多达到了10000小时。第二组的学生的练习时间约为8000小时，第三组他们的练习时间只有4000小时。

随后，埃里克森又在业余演奏者和专业演奏家之间进行了比较，结果一模一样：到20岁左右，业余演奏者的练习时间约为2000小时，而专业演奏家的练习时间竟然都超过了10000小时。

这项研究案例向我们表明了这样一个事实：卓越者并没有什么“与生俱来的天赋”，如果和其他人一样，并不进行刻苦的练习，他们不可能成为佼佼者。事实上，很多研究都发现：越是深入考察天才们的成长经历，越是发现天赋的作用是多么渺小，而后天储备的作用是多么重要。

常言道：“一分耕耘，一份收获。”只要有了辛勤的劳动，才会有丰硕的成果，不劳而获的事情从来就是不存在的。勤奋是实现理想的奠基石，是补拙益智的催化剂，是通向成功彼岸的桥梁，是自学课堂的老师，是人生航道上的灯塔。勤奋属于珍惜时间、爱惜光阴的人，属于脚踏实地、一丝不苟的人，属于坚持不懈、持之以恒的人，属于勇于探索、勤于创新的人。而这样的人往往是那些能够获得成功的人。

勤奋不仅是一种对待工作的态度，而且也是一种对自己负责任的表现。要想在这个人才辈出的职场里走出一条完美的人生轨迹，唯有依靠勤奋工作的精神才能够激励自己不断地进取，才能够实现人生的梦想。

2.
肯干比能干更能做出成绩

在职场中你可能不难发现，你身边工作业绩最为出色的人，并不一定是那些工作能力出众，有极强表现欲的人，而通常是那些踏实肯干，行事低调的人。事实确实如此，肯干的人会比能干的人更容易在工作上做出成绩，而在职场上的那些成功者们，也往往有一颗踏实肯干的心。

在工作中踏实肯干而又不爱出风头的员工，往往有一颗积极的心态，知道自己工作的意义和责任，并且保持着一贯以企业的利益为根本目的的工作精神。他们努力工作创造成绩的核心目的是为企业创造价值，而不像那些爱“表现”爱“显摆”自己能力的那些人一样华而不实。一个企业的成败与否是直接与这些“实干家”密不可分的，而那些表现得很能干的“表演家”则永远不会成为企业最器重的人。

如果你在工作中很能干，那么只能说明你的工作能力确实不错。但是，如果你在工作中表现得踏实肯干，那说明你具备良好的工作态度。而后者往往是企业和领导更加看重的员工素质。因为只有具备了踏实肯干的工作态度，你才能在平凡的岗位上做出不平凡的事，才能够将“小事”做成“大事”，才有不断努力、不断进取的可能。只有你表现得踏实肯干，领导才会认为你有提拔的价值。

1997 年，他遇到了吴宗宪，他应邀到他的唱片公司写歌。

可是，刚进公司的新人，哪里有什么创作的机会。那个时候，他就是做杂事的，每天帮同事买盒饭，成了他的“保留节目”。

有一次，公司为一位香港大牌歌星制作唱片，由于录音棚里的人太多、太分散，他一时没办法数清楚里面一共有多少人要吃饭。为了不落下一个人，那天，他从中午12点钟一直到下午3点钟，来来回回不停地跑着去买盒饭。期间，他竟连口水都喝不上，而录音棚里居然没有一个人帮他。

然而他踏踏实实做事的态度被老板吴宗宪看在眼里，认为这样一个踏实肯干的人将来一定是一个了不起的人，绝对有培养的价值。于是吴宗宪特地为他成立了阿尔发音乐工作室，他从此才有了真正的创作空间。

没错，他就是周杰伦。有人可能觉得周杰伦一夜暴红不可理喻，于是，认为华语乐坛的奇迹就在于此。其实，这完全是一个错误的概念。周杰伦是个奇迹没错，但他的才华是个奇迹，他的作品是个奇迹，他整个人是个奇迹，唯独称不上奇迹的，就是他的成名。他的成名靠的完全是自己踏实肯干的精神和一颗不断努力的心。

周杰伦从一个“跑堂”的菜鸟，如今成为华语乐坛响当当的歌星、音乐制作人，他所经历的并不是一个简简单单的“奇迹”就能够概括的。如果不是他踏实肯干的精神为自己迎来了机会，所谓的“奇迹”就不会发生。

身在职场的你，是否也想着有“奇迹”发生在自己身上呢？你是否为了博得领导的赏识而经常表现得非常“能干”；你是否为了让同事肯定而经常对他们“夸夸其谈”；你是否为了脱颖而出而故意找“麻烦事”来做。放弃这些念头吧，学会以一颗踏实肯干的心去脚踏实地地工作，只有这样你才能迈向成功。

一颗钻石经过在地底千锤百炼的塑造，又要经过数千次的打磨，最终才能够发出耀眼的光芒，而尘土即使被风扬得再高最终也会消逝在空中。

3.

懒惰的人不可能会成功

富兰克林曾经说过:“经常用的钥匙,才会总是闪闪亮的。”勤奋是开启成功大门的钥匙,而懒惰则会将你的前途“活埋”。懒惰的人不可能获得成功,这已经是用无数人的教训换来的真理。在职场中,如果你学会懒惰,就等于在慢慢“掐死”自己本来能够获得的成功,切断了自己通往目标的道路。

一个人无论他有多好的天赋,多高的智商,多么优越的条件,如果他不勤奋努力,怕吃苦受累,就永远不可能走向成功;即使你手中拥有任何通往成功的宝典,如果不勤奋地去研究发现,永远也不可能创造财富。

古人云:勤能补拙,天道酬勤。从古至今,从国内到国外,凡是有所成就的人,他们都付出了我们难以想象的艰辛,许多人都只是看到了他们头上的光环,看到了他们站在领奖台上的风光,却往往忽略了他们在成功道路上的勤奋努力。如果你总是羡慕着别人的成功,却不肯迈出努力的脚步,在工作中懒惰,在生活中懒惰,在人际交往中懒惰,那么你将离成功越来越远。

公元 967 年,是宋太祖的乾德五年。当时,君臣几个人谈起年号来,赵匡胤对“乾德”这个年号颇为得意,宰相赵普也随声附和,说这几年来的不少好事,都归功于赵匡胤改的这个年号。谁知,旁边站着的翰林学士卢多逊,只是不动声色地说了一句:“乾德是蜀用过的年号。”

赵匡胤大吃一惊,马上命人去查。果真是前蜀的年号,而且还是亡国的年号。刚刚还一脸得意之色的赵匡胤一时羞愤交加,想到赵普身为宰相,却不学无术,不懂装懂,让自己在天下人面前出了这么大的一个笑话，阴沉着的脸顿时憋成了猪肝色。想到平日里让赵普多读读圣贤之言，他倒好，东拉西扯，说当宰相公务繁忙，想读书，但心有余而力不足，没时间怎么读书，这下倒好，弄出了天大的笑话。太祖越想越恼火，拿起御笔，蘸饱了黑墨，在赵普脸上就是一阵乱写乱画，弄得他满脸满身翰墨淋漓。一边涂，太祖还一边骂："现在你该知道你每天懒惰，不学无术的危害了吧！"

受此奇耻大辱的赵普于是开始发愤读书。每天下班回家，吃完饭，就一头扎进书房里，手不释卷。勤奋的益处很快就显现了出来，在处理政务时，赵普变得果断决绝，没有半点儿拖泥带水，而且处理得都非常得体。终于他由于克服了懒惰的毛病，重新得到了赵匡胤的赏识和重用，成为了一代名相。

赵普官居宰相，然而即使位极人臣的他也因为懒惰蒙受了羞辱。因此，不管你身居何位，如果总是保持懒惰的习惯，那么现实一定会给你惨痛的教训，让你蒙受羞辱。相反，如果一个人总是保持勤奋，那么他一定能够在工作中非常出色，能够获得他人的赏识和赞扬。

在职场中，只有克服懒惰的毛病才能够让你赶上成功的"最后一班车"。不要把今天的事情留给明天，因为明天还有更多的事情。随时随地提醒自己：现在就要付出行动，付出努力，即使我们得到的只是微不足道的回报，但我们的内心也是快乐的充实的，无论是现在还是将来，我们都要牢记"勤奋"这两个字，并要无时无刻地提醒自己，直到成为习惯，好比呼吸一般，成为本能。

在人生的路上，有许多机遇，如果你总是懒惰地等待机遇自己送上门来，最终只会与它失之交臂。只有你学会了勤奋地去发掘机会，寻找机会，那么它才会真真正正地降临在你的头上。

4.

拒绝浮躁，脚踏实地

职场的路途上，会有艰辛，会有痛苦，也会有诱惑。在面对这些时，你是否变得浮躁？很多人可能觉得浮躁不过是小毛病，无伤大雅，但很多时候我们的职业、我们的成功甚至我们的人生却正是毁在了浮躁上。

一颗踏实的心是职场人士所必备的，也是实现梦想、成就一番事业的关键因素，自以为是、自高自大是成功的最大敌人。你若时时把自己看得高人一等，处处表现得比别人聪明，那么你就会不屑于做简单的工作，不屑于做小事，做基础的事。然而，这些事情往往是你迈向成功的基石，失去了它们，你成功的大厦将轰然倒塌。

那么，究竟什么是浮躁的表现呢？

第一，急功近利。现在的人，尤其是年轻人，很多都有急功近利的思想。从学校一毕业就希望能找到实现自己人生梦想的工作，毕业两三年后就迫不及待地想干一番大事业，拿一份让众人为之羡慕的高薪，升到一个不错的职位。他们不停地从各种渠道听到，某某家的儿子，现在在上海有房有车，某某家的女儿在美国留学回来后担任某跨国公司的高级经理，某某同学现在年薪几十万。因此他们认为自己一定要努力奋斗，力争在这样的年龄达到像他们一样的水平。于是，他们有付出，也有努力，只要哪条路能够通向年轻有为，他们就拼命往哪挤；只要哪份工作能赚到大钱，他们就毫不犹豫地去争取，但却并没有考虑过这份工作究竟适合不适合自己，也没有评估自己的风险意识和知识技能适不适合从事这种岗位。在这样一种心态下，有些人一直达不到目标，于是又开始变得焦躁不安，变得哀叹世道不公，怀才不遇，但是却无力改变这种现状。

第二，爱慕虚荣。“人比人，气死人。”很多人总是活在与别人的对比中，总在羡慕别人的财富和地位，总活在别人的阴影之下。男人总希望自己头上顶着一束光环，账户上后面的“0”越多越好；女人总希望自己的衣服越有名气越好，出入的场所越高档越好，开的车越贵越好。在这样的心态下，有些人开始“不走寻常路”，为了谋求利益不择手段，最终毁掉了自己的一生。

第三，贪图享受。现在流行一种说法，“越是辛苦的活越不赚钱，赚钱的活往往不辛苦”。所以很多人找工作，就希望找一份最好是不用怎么加班，没有什么压力，工作环境较好，待遇比较高，职位比较体面的工作。然而，这样的工作又有多少呢？怎么就能轮到你的头上呢？很多人总是想用最低的付出，来获取最大的回报，更加直接地说想不劳而获，这就是浮躁心理在作怪。

赵括，是赵国名将赵奢的儿子。赵括小时爱学兵法，谈起用兵的道理来，头头是道，自以为天下无敌，连他父亲也不在他眼里。

在著名的长平之战中，赵王起用赵括命其迎战秦军。赵王在派赵括前往迎敌之前问他能不能打退秦军，赵括说：“要是秦国派白起来，我还得考虑对付一下。如今来的是王龁，他不过是廉颇的对手。要是换上我，打败他不在话下。”

赵王听了很高兴，就拜赵括为大将，去接替廉颇。

蔺相如对赵王说：“赵括只懂得读父亲的兵书，不会临阵应变，不能派他做大将。”可是赵王根本听不进去蔺相如的劝告。

于是赵括统率着四十万大军前往迎敌，声势十分浩大。他把廉颇之前规定的“坚守不出，以逸待劳”的一套制度全部废除，下了命令说：“秦国再来挑战，必须迎头打回去。敌人打败了，就得追下去，非杀得他们片甲不留，廉颇自己没有能力，因此只敢坚守，我要选择主动出击，打仗哪有当缩头乌龟的。”

范雎得到赵括的意图，就秘密派白起为上将军，去指挥秦军。白起一到长平，布置好埋伏，故意打了几阵败仗。赵括没有实战经验，不知是计，拼命追赶。白起把赵军引到预先埋伏好的地区，派出精兵二万五千人，切断赵军的后路；另派五千骑兵，直冲赵军大营，把四十万赵军切成两段。赵括这才知道秦军的厉害，只好筑起营垒坚守，等待救兵。

结果秦国又发兵把赵国救兵和运粮的道路切断了。赵括的军队，内无粮草，外无救兵，守了四十多天，兵士都叫苦连天，无心作战。赵括带兵想冲出重围，秦军万箭齐发，把赵括射死了。赵军听到主将被杀，也纷纷扔了武器投降。四十万赵军，就在纸上谈兵的主帅赵括手里全部覆没了。

这便是有名的“纸上谈兵”的故事。赵括虽然熟读兵法却缺乏实战经验，却对作战经验丰富的廉颇不屑一顾，认为只有自己才是击败秦军的唯一选择。于是，他以这种浮躁的心理率领大军心切迎敌，结果中计。最终不但丢了自己的性命，也丢掉了整个赵国的“性命”。

虽然身在职场的你不比在战场上率领千军万马的将领那般责任重大，然而一旦你的内心也变得浮躁，一样会在职场上“吃败仗”，而这对你的职业生涯也可能造成不可估量的损失。因此，拒绝浮躁，脚踏实地地去工作，到职场上拼搏吧。只有这样你才能够稳扎稳打、步步为营地迈向胜利，迈向成功。

每个职场中的人要想实现自己的梦想，就必须调整好自己的心态，以进取之心积极努力的同时，要有实干的心态脚踏实地，这样的勤奋才能让你从中受益。打消投机取巧的念头，从一点一滴的小事做起，在最基础的工作中不断地提高自己的能力，为开始自己的职业生涯积累雄厚的实力。当你的内心泛起浮躁时，记得提醒自己不要忘了这八个字：志存高远，脚踏实地。

5. 用辉煌的业绩证明自己的能力

你是否总是为自己的“怀才不遇”而愤愤不平，你是否总因为无法得到领导的赏识而觉得前途渺茫，你是否由于业绩平平而无法在竞争激烈的职场环境下脱颖而出？这时，不要去埋怨领导没有眼光，不要去抱怨客观因素的制约，不要去责备制度的欠缺、世道的不公。这些都不是导致你能力不能得到体现的关键，而关键因素是你的业绩。

在职场中，无论你说自己有多强的能力，无论你说自己的目标有多么远大，无论你说自己比别人有怎样的优势都没有用，没有人会相信空口无凭的说辞。你的同事，你的领导，你的企业相信的只有你的业绩。

因此，让辉煌的业绩来证明你的能力是最好的选择。在事实面前，一切说辞都显得那么苍白无力。一个员工要想在众多的同事里脱颖而出，必须用高于他人的业绩来证明你的能力，只有能力出众，你才可以引起领导的重视，这是一个客观现实。而能力需要行动力，即使你才华横溢，但缺乏工作热情，不积极地将你的能力转化成行动，你永远也不会得到领导的青睐。因此，从心底告诉自己，努力去获得辉煌的业绩，它自会证明一切。

有个年轻人，大学毕业后分配在一家公司里工作，这个年轻人很有才华，但在公司里工作两年时间，一直得不到重用，他为此非常苦恼。

有一天，年轻人对自己的朋友说：“我要离开这个公司，因为我恨这个公司！”

朋友建议道：“我举双手赞成！你一定要给公司点儿颜色看看！不过，你现在离开还不是最好的时机。”

年轻人问为什么，朋友说："如果你现在走了，公司的损失并不大，你应该趁着现在还在公司这个机会，拼命地去为自己拉些客户，成为公司独当一面的人物，然后再带着这些客户突然离开公司，公司才会受到重大损失，非常被动，然后你……"

年轻人觉得朋友说得非常在理，于是努力工作。

事遂所愿，经过半年多的努力工作，年轻人有了许多忠实的客户。

再见面时，朋友问年轻人："现在是时候了，要赶快'行动'喔！"

年轻人淡然笑道："老总已经跟我长谈过，准备升我为总经理助理，现在我暂时没有离开的打算了……"

这个年轻人的朋友用了一种非常有效的方式让这个年轻人开始努力提升自己的业绩。而当他的业绩出众后，他之前错误的观念就得到了彻底的扭转。其实在职场中的你也是一样，当你没有得到赏识时，学会从自身找原因，你会发现这多半是由于你的业绩不够出众，而并不是领导不愿意重用你。事实上，领导的眼睛是雪亮的，你的业绩如何？你的能力怎样？你对工作的态度是否热情认真？领导心中有数，只要你用能力来证明你自己，你一定会得到领导的青睐与厚待。

大部分企业是一个以实现经济利益为主要目标的经营实体，必须凭借足够稳固的利润去不断壮大发展。而要发展就需要公司所有员工都积极主动地把自己的全部力量和才智贡献出来，为公司出谋划策，并贯彻实行。事实上，每家公司都是一个战场，是员工努力证实自己业绩的不见硝烟的战场，不管在什么时候什么公司，假如你不能做出相应的实际业绩，你终将被当做一枚废弃无用的棋子淘汰出局。而证实自己能力和分量的永恒秤砣，就是实实在在的工作业绩。

因此，最实的东西还是拿业绩说话。不论你做的是什么工作，最重要的是做出成绩来，而不是"纸上谈兵"。这不仅是给领导看，更是给自己看，因为只有它才能真真切切地证明自己的价值。

第九章

不断提升，做最好的自己

1.

学会扬长避短，适时展示自己

这个世界上，不存在完美无缺的人，职场中也是如此。正所谓“金无足赤，人无完人”。任何人有其长处，必有其短处。而如果你能总是向别人展示你的长处，而尽量避免露出你的短处，那么你在同事、领导眼里就会显得更加“优秀”。那么。怎样发挥自己的长处，避开自己的短处呢？这是每一个人都关心的话题。

首先你应当做到了解自己。在日常的工作中，随着经验的不断增加，你的长处和短处都会被某些事情暴露出来。这时你可以总结一下，哪些是自己的长处，哪些是自己的短处，然后思考怎样在工作中充分发挥自己的长处，避开自己的短处。你可以为自己准备一个表格，将你完成得很好的工作经历填写在一边，而将你完成起来十分困难或是没有很好完成的工作填在另一边。这样经过一段时间后，你就能直观地看到自己的长处和短处，在工作方式和工作轨迹上就可以顺着自己的长处去发展，而尽量规避自己不擅长的领域。

其次，你还应当在工作中不断提升自己，尽量将自己的短处进行弥补，如果你的短处越来越少，那么你将在工作中更加无往而不利。提升自己的能力永远是你在职场中变得更强的核心方法。发挥自己的长处，绕过自己的短处只能是从行为方式的选择上给你提供一条成功的“捷径”。然而这条捷径并不是时刻都能够出现的，例如当你遇到一件在你认知领域以外的工作，这将会让你无从下手，你会发现你的长处在这件事情上根本用不到，这时其实就是由于你的能力不够所导致的。

古希腊神话中，有一个叫阿喀琉斯的大英雄。他半人半神，拥有无边的法力和健壮的身体，且勇敢善战。他的母亲是位女神，当他还是个婴儿的时候，母亲就常常把他带到神奇的斯提克斯河边，捏着他的右脚后跟，把他浸泡在河水里。斯提克斯是条神奇的河，被河水浸泡过的身体部分便可以百毒不侵、刀枪不入。

一天又一天，一年又一年，阿喀琉斯被神奇的斯提克斯河水浸泡着，拥有了超乎常人的神力和刀枪不入的身体（除了右脚跟之外）。在漫长的特洛伊战争中，阿喀琉斯一直都是希腊人最敬佩的将领。他勇猛刚强、所向披靡、攻无不克、战无不胜，让敌人们闻风丧胆。

然而，有一天阿喀琉斯的对手太阳神阿波罗知道了其弱点在右脚后跟，在一次战斗中，阿波罗将一支毒箭射向那里，战无不胜的阿喀琉斯当场倒地身亡。

这个古希腊的神话故事正是在告诫我们，你的短处随时都有可能给你招致“致命伤”，因此不要随便将你的短处暴露在别人面前，并且尽量弥补自己的不足，这可以让你在职场中变得无懈可击。

除此之外，你的长处和短处也并非是绝对的。在不同的环境和条件下，长处和短处可能会向自己的对立面转化，长处也许会变成短处，短处则可能会成为长处。例如，你平时行事果断、决绝，这让你在需要作出快速处理的事情面前变得游刃有余；可是当一些事情需要更加周全的考虑，更稳妥的行事方法时，这往往就会变成你的短处。这是你在职场中一定要认识到的一点。

职场变幻莫测，机遇与挑战并存。面对机遇与挑战，你要有清醒的头脑和明确的认识。学会在职场中扬长避短，可以让你避免将自己的“阿喀琉斯之踵”暴露出来，让你的职场生涯更加安全、更加光明。

2.

不仅会做事，更要会做人

身处职场的我们可能会发现，有一些人他们具有很强的工作能力，有端正的工作态度，然而他们在企业中却并不是一个“受欢迎的人”。那么，为什么一个具有较强工作能力和理想工作态度的员工会不受欢迎呢？究其原因，是因为他们虽然是做事上的“巨人”，却是做人上的“矮子”。

职场是由无数的人组成的，因此与人的沟通和交流就不可避免，而他人对你的看法也成了你能否获得成功和肯定的关键性因素。如果你在做人上非常优秀，你就能够获得更大的交际圈，获得更理想的人际关系，这对于你在职场中的生存是非常有益的，对于你事业的发展也是有很大帮助的。

此外，一个人如何做人体现出了他的价值观、人生观以及人格、认知。而这些东西往往影响着一个人的行为方式和人生态度。这就是为什么有一句话会这样说：“先做人，再做事。”你是否能够成为一个会做事的人，取决于你在做人上的认识。一个会做人的人，往往在工作时也能够选择最为理想的方式，在面对困难时能够保持最良好的心态去迎接。相反，一个连做人都做不好的人，他在工作中也一定总会产生消极的心态，在人际关系的处理上也会四处碰壁。

下面的四个例子将向你展示在职场中会做人必不可少的要点，以及会做人的重要性。如果你看懂了这四个故事，我相信你在职场中一定会成为一个更会“做人”的人。

第一课：

一个男人在他妻子洗完澡后准备进浴室洗澡。这时，门铃响了。

妻子迅速用浴巾裹住自己冲到门口。

当她打开门时，邻居鲍勃站在那儿。

在她开口前，鲍勃说，“你如果把浴巾拿掉，我给你 800 美元。”

想了一会儿，这个女人拿掉浴巾赤裸地站在鲍勃面前。几秒钟后，鲍勃递给她 800 美元然后离开了。

女人重新裹好浴巾回到屋里。

当她踏进浴室时，丈夫问她，“是谁呀?”

“是邻居鲍勃。”她回答。

“哦，”丈夫说，“他有没有提到还欠我 800 美元?”

记住，在职场中及时与同舟共济的伙伴分享重要信息，将会避免不必要的损失。

第二课：

一个销售员、一个办事员和他们的经理步行去午餐时发现了一盏古代油灯。

他们摩擦油灯，一个精灵跳了出来。

精灵说：“我能满足你们每人一个愿望。”

“我先！我先!”办事员说，“我想去巴哈马群岛，开着快艇，与世隔绝。”

倏！她飞走了。

“该我了！该我了!”销售员说，“我想去夏威夷，躺在沙滩上，有私人女按摩师，免费续杯的冰镇果汁朗姆酒，还有一生中的最爱。”

倏！他飞走了。

“OK，该你了。”精灵对经理说。

经理回答：“我要那两个蠢货午饭后马上回来工作!”

记住，不管什么时候都不要得意忘形，永远让你的上司先开口。

第三课：

一只鹰坐在高高的树上休息，无所事事。

一只小兔子看见鹰并且问它，“我能像你一样坐着什么都不干吗?”

鹰回答:“行啊，为啥不行。”

于是，兔子坐在鹰下面的地上休息。突然，一只狐狸出现了，它扑到兔子身上把它吃掉了。

记住，你必须坐在非常非常高的位置，才可以表现出无所事事的样子。

第四课:

一只小鸟飞去南方过冬。天实在太冷了。它冻僵了，掉在一片田野上。

它躺在那儿时，一头母牛走过来在它身上拉了一堆屎。

冻僵的小鸟躺在粪堆里，开始感觉到了温暖。

牛粪确实使它暖和过来了。

它躺在温暖的牛粪中，异常高兴，并开始唱起歌来。

一只过路的猫听到鸟叫赶过来看个究竟。

顺着声音，它发现了牛粪下的小鸟，并迅速把它拖出来吃掉了。

记住，并不是每个在你身上拉屎的都是你的敌人;并不是每个把你拖出粪堆的都是你的朋友。

在职场中，做人是一门很深的学问，并不仅仅是上面四个例子就能教会你的，但是这些例子依旧告诫了你，在职场中会做人是一件多么重要的事情。不会做人的人，往往是做不好事情的，因为在职场中任何事情都与人相关。

那么，在职场中对你最重要的做人准则究竟有哪些呢?

首先，要做一个有诚信的人。“君子修身，莫善于诚信”，这是古人对诚信的认知。“真诚换真心，诚信变真金”，这是现代人对诚信的理解。现实中诚信的重要性体现在方方面面。没有诚信交不了朋友，没有诚信谈不成生意,没有诚信干不了大事,所以说,诚信是做人最基本的道德底线。现在的市场经济社会,信誉被认为是最昂贵的资本,为了一点儿小小的利益而拿自己的信誉做赌注,委实有些得不偿失。

其次,要做一个品行端正的人,在职场中要做到"先修身而后求能"。一个品行不端的人,仕途上也许能够上升到一定层面,但最终经不起时间的考验。所以,有了好的人品做保证,做人才有底气,做事才会硬气,经商才有财气。品行端正至少包含三层意思:第一要正直。一个正直的人,会展现出巨大的人格魅力。人生在世,只有把自己这个"人"字写正了,才会有服众的底气和被尊敬的资格,真正做到"不诱于誉、不恐于诽"。

第三,要做一个宽厚善良的人。宽容永远是你在职场中能够立命的好帮手。你的内心蕴藏着很大的包容性,你越是宽容他人,就越容易获得尊重。有句古训叫做"律己当严,待人当恕"。冰释前嫌可以换来理解,换来和睦,换来友谊,而耿耿于怀只会让人与人之间的距离越来越远。善良则是你在职场中能够安身的护身符。我们所处的职场好比一个大家庭,你应该学会与人为善,不以恶小而为之,不以善小而不为。素昧平生之人有难,拔刀相助,是谓小善;危难之际,赴汤蹈火,舍生取义,是谓大善。但是不管是小善还是大善,只要永远有一颗善心,便足以让你成为一个高尚的人,成为一个让人尊敬的人。记住,在职场中做一个宽厚善良的人,永远是你安身立命的根本。

说了这么多,其实做人是一门很深的学问,并不是一两句话就能够说明白的,需要你不断地在平时的工作中去积累,在职场的生活中去历练。但是,时刻都要铭记,在职场中不但要会做事,更要会做人,只有这样你才能创造辉煌的未来。

3.

不光会说话，还要会听话

“上帝给了我们一张嘴，却给了我们两只耳朵，就是为了让我们学会多听少说。”这句话可以说是职场上的“圣经”。在职场中，你无时无刻都要提防自己可能犯的错误，而很多人犯错误其实都是由于管不住自己的嘴。“病从口入，祸从口出”，如果你总是在同事、领导面前有“说不完的话”，那么说不定哪一句话就会为你的职业生涯和前途“送葬”。要知道，一个人不可能在说每一句话时都做到深思熟虑，因此你能做到的就是要尽量少说没用的话。

为什么在职场中你要做到“少说多听”，不光要会说话，更要会听话呢？究其原因主要有以下三点：

第一，多去听取别人的话有助于你在职场中积累更多不同方面的经验。听是一个人获取信息的主要来源之一。多去听别人说话有助于你收集更多的知识，充实自己，再结合自身的能力和经验加以融合，变成对自己有用的信息。

第二，懂得聆听是一种较高的职业素养。当你在与同事聊天时，当你在与领导进行沟通时，首先应当做到听清、听全别人的话。做一个专注的聆听者能够让你更有亲和力，更容易获得他人的欣赏。在与别人交流的过程中打断别人，是一种非常不礼貌的做法。另外，懂得聆听的人从来不会片面地曲解别人的意思，也不会错误地领会领导传达的事情和精神。在你仔细听取别人的话时，你会专注于其中的内容，这让你不会在任何时候对任何信息产生片面的理解和遗漏。

第三，言多必失。如果你想要让你所说的话具有更高的准确性，那么最好的做法就是尽量少去说话。一个人如果总是“侃侃而谈”，他的脑力必定跟不上自己的语速，这样就会导致他在说某些话时欠缺考虑。要知道，在职场中你的一言一行都在向别人传达着你是一个什么样的人。因此，如果你养成了“话太多”的毛病，总有一天你会被你自己说出来的话“害死”。

美国知名主持人林克莱特一天访问一名小朋友，问他说：“你长大后想要当什么呀？”小朋友天真地回答：“我的梦想是要当飞机的驾驶员！”

林克莱特接着问：“如果有一天，你的飞机飞到太平洋上空后，所有引擎都熄火了，你会怎么办？”

小朋友想了想：“我会先告诉坐在飞机上的人绑好安全带，然后我挂上我的降落伞跳出去。”

当现场的观众笑得东倒西歪时，林克莱特继续注视着这孩子，想看他是不是自作聪明的家伙。没想到，接着孩子的两行热泪夺眶而出，这才使得林克莱特发觉这孩子的悲悯之情远非笔墨所能形容。

于是林克莱特问他说：“为什么要这么做？”小孩的答案透露出一个孩子真挚的想法：“我要去拿燃料，我还要回来。”

这时，在场的观众谁也笑不出来了，他们为自己的莽撞感到非常羞愧。由于他们没有认真听完小孩子的话，因此险些曲解了他的意思。

在职场中，在日常生活中，如果你没有把握确定他人的意思，并且不想把自己的理解投射到他人的话上，那么就请将他的话听完，这就是“听的艺术”。作为已经身在职场中的你来说，“多听少说”能够让你避免犯一些非常可笑的错误，也能让你在别人眼中显得更加成熟、稳重。

在这里，我们所说的少说多思，既不同于内向，更不同于世故和城府，而是一种成熟、稳重与深沉。“深沉”这个词的含义是：让人总觉得你身上有一种“未知的深度”。一个人成熟的最显著的标志就是少说话，多倾听。即使必须要发表观点，也应经过深思熟虑，尽量让舌头运转得比大脑慢些。有时大脑运转完了，而舌头并没有运转，采取的仍是缄口不言，这才是真正的智者。

4.

拒绝自卑，坚信自己就是一块金子

在当今这个时代，有不少人渴望出身富贵。富家子弟常被人戏称为“含着金汤匙出生”，他们从小锦衣玉食，无需像很多人一样为衣食、学费、医疗费、住房等生活之事烦恼，长大后也不必为找工作糊口碰得焦头烂额。然而，毕竟出身富贵的是极少人，难道出身一般的人不能成为一块儿金子么？当然不是。

如果你认为自己相比于那些亿万富翁来说显得一文不值，那么这里有一位当红女演员的话非常值得你去欣赏。有人问她何时嫁入豪门，这位当红明星回答：“我为什么要嫁入豪门？我自己就是豪门。”

“自己就是豪门”，这句话说得何等豪迈。是啊！与富豪相比，你差什么呢？不就是差一点点钱、缺一点点势吗？然而钱和势自古就不是与生俱来的，而是通过自己的努力不断拼搏而争取到的。你可能是普通人，没有那么多人在你前行时铺路，但你一样应该相信自己是一块儿金子，早晚都会发光。成功人士与你最大的区别并不是他们拥有比你更多的财富，而是他们自始至终都拥有比大部分人都高的自信，这才是无价之宝。

富豪也是由普通之家发展起来的，他们在最初的时候也少过钱、缺少过人脉，但他们没有气馁，而是瞄准目标，一步一步挺进。一个目标实现了，又转向另一个更高的目标。正是一系列不断实现又不断刷新的目标托举起了他，使他到达了后来的高度。而在这过程中，他们也曾经历了甚至比你目前状况还要糟糕的境地，他们有可能也曾经被失败打得遍体鳞伤，但是他们始终没有丢下的就是坚定的自信。

他刚加入微软公司时，在工作中与同事进行一般的沟通没有问题，但到了比尔·盖茨面前就总是不敢讲话，因为他非常担心自己说错话，缺乏自信。

有一天，公司要进行改组，比尔·盖茨召集十多个人开会，要求每个人轮流发言，其中当然也有他。他当时想：既然一定要讲，那不如鼓起勇气给自己增添一些自信，我不比任何人差，为什么就一定会说出错误的话呢？

于是，他在开会时鼓足勇气说："在我们这个公司里，员工的智商比谁都高，但是我们的效率比谁都差，因为我们整天改组，而不顾及员工的感受和想法。在别的公司，员工的智商是相加的关系。但当我们整天陷在改组'斗争'里的时候，我们员工的智商其实是相减的关系……"

他说完后，整个会议室鸦雀无声。会后，很多同事给他发电子邮件说："你说得真好，真希望我也有你的胆量这么说。"结果，比尔·盖茨不但接受了他的建议，改变了公司这次的改组方案，并在与公司副总裁开会时引用了他的话。

正是他这一次自信、勇敢的行为，大大激励了他，在日后的工作中，他始终坚信自己是一块儿会发光的金子，秉承着这种自信，他的事业蒸蒸日上。现在他是比尔·盖茨的七个高层顾问之一，是微软公司的全球副总裁，他叫李开复。

李开复之所以能有今天的成就，与他的自信绝对有着密切的关系。正是由于这种"我是一块金子一定能够发光"的想法让他在机会面前没有犹豫不决，死死地将机会揽入自己的怀中，最终成为了世界上最杰出的人之一。

许多人在职场和事业上屡屡遭遇挫折，他们总是习惯性地把挫折归结为自身潜质的不足。其实，即便在这些经常灰心丧气的人身上，也往往蕴藏着巨大的、远远超出常人想象的潜能——只不过，潜能的主人并没有意识到，或者意识到了，却不知该如何释放这些能量罢了。相反，那些特别乐观、特别自信的人总能不断地从自己身上找到前进的动力，总能设法让自己身体里的潜能超水平地发挥和释放出来，从而让别人看到了他们有多优秀。

李开复有多优秀？他不过是比大部分人多了一些自信。正是这种把自己当成“金子”的自信才往往是一个人成功的最关键因素。

5. 不断进取，提升自己的能力

我想你一定听过“学无止境”这句话，而学不仅仅是指学习书本上的知识，丰富自己的内涵，也可以泛指在人的一生中需要不断地提升自己的能力，不断学习，养成积极进取的好习惯。

在这个竞争激烈的职场中，你的核心力量永远是你的能力，提升自己的能力就是在增强自己的力量，让自己在职场中站得更稳，走得更远。而如果想要做到不断地去提升自己的能力，就需要我们能够做到不断进取。进取心是一种需要通过行动不断保持的心态，如果你总是懒惰，总是对工作抱以懈怠的态度，那么进取心将随着时间一点点被消磨殆尽。相反，如果你专注于工作，能够发现自身存在的不足，并愿意弥补这些不足，提升自己的能力，你的进取心就会不断增加。有了进取心，它就能够反过来让你有更强的动力去提升能力，形成一种良性循环。

如果你已经意识到了在职场中不断进取，提升自己能力的重要性，那么究竟要怎样去做呢？

首先，你应该是立足本职，爱岗敬业。岗位是一个人干事创业的平台，爱岗敬业是工作的职责，也是自身成长成才的内在要求。干一行爱一行，一个岗位只有热爱它的人，才会有源源不断的能量，有积极进取的动力。一项工作只有敬业的人，才会全力以赴，才会自发自动、高标准、高质量地完成工作。只有爱岗敬业，尽职尽责，你才会有发展进步的机遇。正所谓“天下大事必作于细”“千里之行始于足下”讲的就是这个道理。

其次，在本职岗位上术业专攻。每位员工都有自己的工作和岗位。要成为合格的员工，必须掌握本工种本岗位的专门技术，而且能够结合生产实践学习和钻研技术，不断提高技术水平，成为自己工作岗位上的行家里手。如今技术的发展日新月异，人才辈出，只有不断地学习补充自身技术，才能不被别人赶超。不断学习，不断进取，推进专业化，由此才能体现自身价值，提升自己的能力。

再次，你还需要积极进取，提高团队协作能力。俗话说，“一个和尚挑水喝，两个和尚抬水喝，三个和尚没水喝。一只蚂蚁来搬米，搬来搬去搬不起，两只蚂蚁来搬米，身体晃来又晃去，三只蚂蚁来搬米，轻轻抬着进洞里。”上面这两种说法有截然不同的结果。“三个和尚”是一个团体，可是他们没水喝是因为互相推诿，不讲协作；“三只蚂蚁来搬米”之所以能“轻轻抬着进洞里”，正是团结协作的结果。罗斯福说过：“团队行动可以完成单个行动者永远也不敢奢望的事情。”团队合作的力量是无穷尽的，一个团结协作的集体所发挥的重大作用往往是个人努力无法企及的。谁也不是超人，在当今激烈的竞争环境下，单凭个人的能力根本不可能完成企业的宏伟目标，这点毋庸置疑。“三个臭皮匠赛过诸葛亮”。我想通过积极进取的拼搏和良好的团队协作，或许有一天你会因为超人的团队而做出超人才能完成的事情，真正见证奇迹。

最后，你还要在严格执行制度中进步。无规矩不成方圆，这是老生常谈的话了。俗话说得好：兵马未动，粮草先行。同样，对一个不断壮大的公司来说，制度的完善与不打折扣地执行就如同粮草一样重要。所谓制度，就是大家共同遵守的办事规程或行动准则。每个人都是一个思想、处事方式高度独立的个体，只有制度才能把这么多不同的个体团结起来，按照同一个方向去运动，才能让整个团队向着目标前进，而只有团队目标得以完成，你个人的积极进取才变得有意义，你能力的提升才显得有价值。

埃德逊·阿兰德斯·多·纳西门托1940年10月23日出生在巴西三心镇的一个贫寒的家庭里。他的父亲顿吉诺是一位职业足球运动员，因此他从小也励志成为一名足球运动员。为了补偿家庭经济的不足，他从小当学徒，替人擦皮鞋，到卫生所煮咖啡、倒便盆，什么都干，但收入甚微，可是他依旧尽自己的全部努力将工作做到最好，这样他有时能够多获得一点点的报酬。

后来，在父亲的影响下，他同足球交上了朋友，一有空就同小伙伴们在街头巷尾耍球。严格地说，这就是他足球生涯的开始。因为其他的小朋友仅仅是在踢球中获得快乐，将足球作为玩耍的工具。而他在每次踢球时，却都在锻炼自己的各种技术，从没有一天懈怠过。

但是由于家庭环境非常不好，他并没有钱去买一个属于自己的足球，只能将破布塞进袜子里，做成一个布球。虽然只是一个不起眼的布球，却成了他形影不离的伴侣。他的球技进步很快。由于他经常在坎坷不平的道路上带球行走，而且是光着脚，所以练就了好脚法；他的球性十分出色，对球的感觉很敏锐，控制球的能力达到了相当熟练的程度，正是这种不断进取的精神为他打下了良好的基础。

12岁的他在同龄人中已是出类拔萃的人物了。超群的技术和熟练的脚功，不仅使许多青少年望尘莫及，而且成年人也常被他戏弄。一天，他正在与一群工人在建筑工地上踢球，偶然被正在各地选拔人才的职业队教练德·布利多发现。他的盘带、射门、走位等动作是如此老练，在人群中穿梭似鱼，布利多不禁暗自赞叹："真是天才！"这一发现奠定了他光彩夺目的前程。

在随后的日子里，他并没有因为进入了职业队而懈怠，仍然每天不断进取，刻苦训练来提升自己的球技，最终他进入了梦寐以求的巴西国家队，并先后三次捧起了世界杯冠军的奖杯。

由于他出色的球技以及不断进取、拼搏的精神，以及在足球运动中获得的成就，所有人都尊称他为“球王”，他有一个大家更加熟悉的别名，叫贝利。

曾经有记者问过贝利：“在你踢进的球中，你认为最好的是哪一个？”贝利笑着回答道：“是下一个，我踢进的最好的球永远都是下一个。”

“我踢进的最好的球永远是下一个。”这句话代表着一颗永不停歇的进取之心，这是一种让人钦佩的精神。正是这种精神才让所有人都知道了他的名字——贝利，也正是这种不断提升自己的人生态度让他无愧于“球王”的美名，他不仅在足球技术上，更在精神上让所有人为之倾倒。

在职场中的你，如果能够具有同样的进取精神，也能够因此而有了不断提升自己能力的动力，再加之艰苦的努力，你也可以在属于你的职业生涯中获得更大的成就。如果你想成为别人目光的焦点，那么首先去培养不断进取的精神吧，通过不懈的努力不断提升自己的能力，最终你一定能超越所有人，成为万众瞩目的“赢家”。

6. 不断提升自己，让自己不可替代

在职场中，唯一让自己变得不可替代的方法就是不断地提升自己，让自己永远能够跟上时代的脚步，甚至是引领时代的脚步，只有这样才能够在如今这个变化迅速的职场中稳稳立足，才能够让你在事业上有长足的进步。

你肯定会问，如何才能不断地提升自己，让自己变得不可替代呢？

首先，提升自己的能力和知识永远是核心。在职场中，你的能力与知识决定了你能干什么样的事情，能走多远的路。对于能力的培养和知识的积累是一个永恒不变的主题。只有你的“肚子里”有更丰富的知识，更强大的能力，你才能够在工作中发挥出比其他人更好的水平，让领导觉得你有更高的素质和更大的潜力。

第二，学会将眼光放在自己身上。在职场中，有些人总是去关注别人怎么样，然而往往忽视了自己应该怎么样。例如，身边的同事很多都游手好闲，不积极工作，因此自己也学得跟他们一样，“轻松愉悦”地去工作。实际上这样的人往往忽略了，如果你跟着别人去做，那么别人在摔跟头时你也会跟着摔倒。因此，不要盲目地去迎合他人，不要总将眼光盯着其他人是怎样做的。学会把眼光放在自己身上，认定自己应该怎样做，并且按照自己的意志去执行，只有这样你才能更好地提升自己。

第三，不要过于计较报酬。如果在工作中，你把所有的精力都放在了“挣钱”上，那么你一定会忽略很多工作带给你的更重要的东西，例如经验、能力方面的提升。想要不断提升自己，那么就要将目光放得更加长远，不要计较那一点点的眼前利益。只有当你不计得失地去工作时，你才能够从中获得比金钱更加有用的东西，而这些东西是让你变得不可替代的关键。

第四，要培养自己的创新性思维。在如今的时代，如果你只是跟着别人的步伐，那么充其量只能成为他人的影子，永远无法冲出别人的经验、别人的理论给你带来的“枷锁”。而会“照猫画虎”的人有的是，这样并不能让你成为职场中的精英。只有当你通过自己的创新性思维发现别人不知道的方法，没有涉足的领域时，把它与你平时努力培养出来的能力和丰富的经验相结合，你才能真正地获得属于自己的“独到之处”，成为企业、老板心目中不可替代的人。

谈到厨师，很难把其与“不可替代的人”联想在一起，但是台北晶华酒店主厨蔡坤展，将建筑与时尚概念入菜，让每一道菜都像是艺术品般，成为政商名流的最爱。他独创的特殊性，无人可取代。

蔡坤展是如何让自己“很特殊”的呢？从学徒做起的蔡坤展，从不满足于自己的手艺，早期他辗转于各种不同类型的餐厅学习，像炭烤、火锅、海鲜，甚至路边摊他都不放过学习机会，手艺在不断学习中日益精进。

三年前，他开始思索如何将菜的原汁原味与令人耳目一新的外观结合起来，最后首创将建筑的立体概念融入菜色中。每天从早到晚，不论走路、骑车，甚至睡觉时间他都不放过，无时无刻不在动脑思考新菜色。像是走路当中无意间看到台北 101 大楼，就试着将它融入一道料理之中。

蔡坤展同时也通过到海外考察，或是翻阅国际杂志寻求灵感，就连再简单不过的“红茄鲜芦笋”这道菜，经他巧手设计，都能够化成悉尼歌剧院层次分明的造型。蔡坤展强调：“一定要创新，比别人强，才不会被取代。”

蔡坤展从一名普通的厨师到一名举世闻名的厨艺大师，他肯定经历了艰苦的奋斗，不断地学习，然而为他的职业生涯填上点睛之笔的当然是他的创新精神。因此，如果你也想成为一个无法被替代的人，那么就要不断提升自己的精神，追求更高、更好的态度以及天马行空的想象力，这几点缺一不可。

随着全球经济一体化的加深，不少公司出于成本等因素的考虑，常常将本公司的业务和工作外包给其他公司。在这种趋势下，未来的工作将只有两种类型，一是可被取代的，也就是容易被外包的工作；二是不可取代的，也就是高附加价值的工作。在新趋势下，每个人都应该重新思考自己的工作，在工作中不断地提升自己，争取让自己成为一个不可替代的人。只有这样你才能够摆脱随时可能被“淘汰”的梦魇，一身轻松地去追求自己的事业目标和美好生活。

下篇　谨守职场红绿灯，让职场之路畅行无阻

在职场道路上行进的我们，如果能够谨守“职场红绿灯”，那么必将一路畅行无阻；如果忽视它则很有可能前途“受阻”，甚至“车毁人亡”。遵守职场规则对于我们这些“职场人”来说就犹如遵守红绿灯对于司机一样重要，谨遵职场规则是我们在职场中保证安全、行进通畅的关键所在。

第十章

不管红灯绿灯，守规则才能一路畅通

1. 规则并不是敌人而是朋友

在这个世界中,不管什么领域都有自己的规则。而之所以有规则存在,正是因为它能够帮助人们达成一种共识,让整个世界变得井然有序。因此,不要把规则当做敌人,不要认为规则束缚了你的手脚。因为倘若没有规则,你可能根本就无法正常地生存,甚至是随时面临生命的危险。

在职场中也是一样,各种各样的职场规则、公司纪律可能让你疲于应付,一不小心就会因为触犯了某些规则而受到惩罚。然而,你绝对不能够把规则当做是敌人,因为规则除了可以作为处罚的依据,它更是保护你的"天使"。比如,公司规定上班不能迟到,如果迟到就会受到处罚。这看似是对于你的一种束缚,然而把眼光放宽,这实际上是为了维护公司中每个人的根本利益。试想,如果公司没有这样的规定,公司里的人想来就来,想走就走,那么公司还能够正常地运作么?如果公司不能正常运作,那么你的工资又从何而来呢?

所以说,规则并不是你的敌人,而是你的朋友。如果你总是抵触规则、违反规则,那么你的职场道路将充满凶险。

十月革命刚刚胜利,一天早晨,朝阳透过薄雾,把金色的光辉洒在高大的斯莫尔尼宫上。

人民委员会就设在斯莫尔尼宫,在门前站岗的是新战士洛班诺夫。班长叮嘱他说:"洛班诺夫同志,你今天第一次站岗。到这里来的人很多,你的任务是检查他们的通行证。列宁同志要来这里开会，你千万不能让坏人混进来！”“是，班长同志。”洛班诺夫行了个军礼，“我以革命的名义保证，一定为列宁同志站好岗！”

太阳越升越高，到斯莫尔尼宫开会和办事的人真多，有工人，有士兵，有农民，还有学生。洛班诺夫认真地检查了他们的通行证。人民委员会主席列宁来了。他一边走，一边在考虑什么问题。“同志，您的通行证?”洛班诺夫拦住了他。“噢，通行证，我就拿。”列宁急忙把手伸进衣兜里拿通行证。一位来开会的同志看到洛班诺夫拦住了列宁查通行证，就生气地嚷起来：“放行吧，放行吧！他是列宁！”

“对不起。”洛班诺夫严肃地说，“我没有见过列宁。没有通行证，谁也不能进！”列宁把通行证交给洛班诺夫。洛班诺夫接过来一看，果然是列宁同志，他非常不安，举手行礼说：“列宁同志，请原谅，我耽误了你的时间。”列宁握住这位年轻战士的手，高兴地说：“你做得很对，小伙子！你遵守规定的行为让我很钦佩。”他又回过头来对旁边那位同志说：“你不该责备他。我们就需要这样能够遵守纪律的好战士。革命纪律是每个人都应该遵守的，我也不能例外。”

列宁作为一位伟人，他的伟大不仅仅是带来了社会主义的第一次胜利。他的伟大更源于他在生活、工作方面的点点滴滴。而作为一位伟人，他将规则看做是最为重要、绝对不能违反的纪律，这一点更让我们确信，规则对于一个人、一个团队、一个企业甚至是整个国家、整个世界的重要性。

伟人尚且能够如此尊重规则，作为一名普通的“职场人”，我们又有什么理由去蔑视规则呢？既然你知道规则是应当遵守的，并且也知道遵守规则能够让你的职业道路更加顺利，那何不把它当成你的朋友呢？如果你能把规则当成朋友，它不但不会给你带来任何的心理负担，还能够让你逐渐养成一种习惯——凡事都要遵从规则，严于律己的习惯。而这个习惯普遍存在于那些能够获得成功的人身上。

2.

红灯要停，绿灯要行

作为一名“职场人”，既然你已经深知遵守职场规则的重要性，那么你就应当在行为上也做到“红灯停，绿灯行”。如果仅仅是把职场规则挂在嘴边，那会是毫无意义的。只有你能够切实地在行动中执行职场规则，那么你才能够从这些规则当中获益。因此，作为职场中的一员，你要将“职场红绿灯”深深印在心里，从心底愿意去执行这些职场规则，这样才能够让你在行为上自觉地做到“红灯停，绿灯行”。

有的人可能会说，为什么规则是我们应该遵守的呢？它是不是真的具有指导性和可观性呢？下面我们就用一则故事来说明这一切。

有7个人组成的小团体，他们每个人都是平等的，但同时又是自私自利的。他们想通过制度创新来解决每天的吃饭问题———要在没有计量工具或有刻度的容器的状况下分食一锅粥。大家发挥聪明才智，试验了很多种办法，多次博弈后形成了以下诸种规则：

规则一：指定一个人负责分粥事宜，成为专业分粥人士。很快大家发现，这个人为自己分的粥最多，于是又换一个人。结果，总是主持分粥的人碗里的粥最多最好。权力导致腐败，绝对的权力导致绝对的腐败，在这碗稀粥中体现得一览无余。

规则二：指定一个分粥人士和一名监督人士，起初比较公平，但到后来分粥人士与监督人士从权力制约走向“权力合作”，于是分粥人士与监督人士分到的粥最多。这种制度失败。

规则三：谁也信不过，干脆大家轮流主持分粥，每人一天。这样等于承认了个人有为自己多分粥的权力，同时又给予了每个人为自己多分粥的机会。虽然看起来平等了，但是每人在一周中只有1天吃得饱而且有剩余，其余6天都饥饿难挨。大家认为这一制度造成了资源浪费。

规则四：大家民主选举一个信得过的人主持分粥。这位品德尚属上乘的人开始还能公平分粥，但不久以后他就有意识地为自己和溜须拍马的人多分。大家一致认为，不能放任其腐化和风气的败坏，还得寻找新制度。

规则五：民主选举一个分粥委员会和一个监督委员会，形成民主监督与制约机制。公平基本上做到了，可是由于监督委员会经常提出各种议案，分粥委员会又据理力争，等分粥完毕时，粥早就凉了。此制度效率太低。

规则六：对于分粥，每人均有一票否决权。这有了公平，但恐怕最后谁也喝不上粥。

规则七：每个人轮流值日分粥，但分粥的那个人要最后一个领粥。令人惊奇的是，在这一制度下，7只碗里的粥每次都是一样多，就像用科学仪器量过一样。每个主持分粥的人都认识到，如果7只碗里的粥不相同，他确定无疑将享用那份最少的。

自此，这个小团体在吃饭问题上没有发生过一次争执，大家都井然有序，彼此之间的关系也非常和睦。

可见，一项规则的产生通常要经历很多次的改动，而这些改动往往是人们从实践中获得的一些经验和教训。因此，规则可以说是前人总结出来的行为准则，是一笔留给后人的无尽财富。因此，遵守规则势在必行。

既然我们已经论证了规则的可观性和指导性，那么遵守职场规则的行为应该如何养成呢？

首先，你要从心底铭记这些规则，如果你连规则是什么都不知道，那么必然也无法遵守,甚至是自己闯了职场的“红灯”却依旧被蒙在鼓里。而职场规则除了能够通过书本进行学习以外,还可以通过在工作中的经历而获得。虽然这些经历往往是教训甚至是惩罚。但是,只要你能够将这些教训甚至惩罚铭记于心,将它们化作规范你行为的标尺,那么这些教训和惩罚将给你带来的是无尽的财富。

其次,你还有义务保证规则的权威性。有人可能会说,规则是别人制定的,我为什么要去维护?这种想法其实就是对待规则的一种消极态度,是不可取的。规则既然制定出来,并且大部分人都在遵守,说明它本身是具有可行性的。而一个具有可行性的规则是需要大家去遵守以维护它的权威性的。如果所有人都不去遵守规则,那么规则也就成了一纸空文,而最终所有人也将被没有规则的混乱状态所伤害。因此,在职场中你有维护规则权威性的义务,做到“红灯要停,绿灯要行”,让这种遵守规则的态度形成一种习惯甚至一种企业文化,这样才能够让你以及所有人得到良好的发展。

可见,在职场中做到“红灯要停,绿灯要行”对你以及对其他人都是有长远意义的一种有利行为,那么你何乐而不为呢?

3.

乱闯“红灯”只会葬送前程

我们都知道遵守交通规则的重要性。如果乱闯红灯,不仅会使整个交通秩序陷入瘫痪,也会让自己坠入险境,甚至命丧当场。所以,红灯无论如何不能乱闯的。

其实职场也是一样,乱闯“红灯”或许不至于让我们命丧当场,但肯定会毁灭我们的前途,葬送我们的前程。那些“红灯”“绿灯”一样的职场规则是经过无数人“血的教训”所换来的经验，如果已经有很多人在这上面摔倒过，那么你也不要认为自己能够安然无恙。耍一些“小聪明”不时闯闯“红灯”也许能够让你在一时获得更大的收益，然而从长远来看，它无疑是在你的职场道路上埋下了一颗随时可能爆炸的“定时炸弹”，这将让你的职场之路变得非常危险，但凡有时候你“不走运”踩到了这颗炸弹，它将炸得你粉身碎骨。

27 岁的李某是一名汽车 4S 店的销售主管，年纪轻轻的他通过自己的努力便已经坐上了单位的高职，这让很多人羡慕不已。然而，李某并没有因此而满足，他看到很多来到店里买车的客户，并没有比自己有更丰富的经验，也没有比自己更强的能力，然而却能够出手阔绰。而自己虽然已经当上汽车 4S 店的销售主管，帮助企业卖出了无数辆车，然而自己却连一辆像样的“座驾”都没有。

于是李某开始了寻找致富的“捷径”。在一次与同事的聚会上，李某开始接触赌博。不知是手气好还是他天生就有这方面的才能，李某小试牛刀便赢得了数千元，这让李某欣喜若狂，仿佛找到了致富的法门。

然而好景不长，李某的好运气并没有伴随他太久，一次次赌桌上的失利让他不甘心就此作罢，很快他便花光了自己所有的积蓄，但是仍然执迷不悟。他开始向周围的朋友借钱，甚至是借“高利贷”。

李某沉迷赌博，欠下了一屁股的赌债。面对债主催债，李某便打起 4S 店客户的主意。他私刻公司印章，以代办购置税等业务为由，在两个月内向 7 名客户“融资”13 万余元。可一转身，这些钱又被他输个精光。东窗事发后，被同事上报至公司；后因涉嫌诈骗，李某被检察院批捕。

要说 27 岁便在事业上有所小成，李某也可以说是一个聪明人。然而他却没有将自己的聪明用于正途，而是走上了赌博和行骗的道路。其实他不知道，正是他的这种"小聪明"将他引向歧途，闯了"红灯"，也因此受到了法律的严厉制裁。

像李某这样，聪明反被聪明误的人还有很多。为了追求更好品质的生活，很多人都在奋力拼搏，可有的人却想以小搏大，用小伎俩、小聪明谋财，却不知自己走的正是歪路，会因此葬送自己的前程。

时刻记住规则就是我们的行为准则，遵守规则才能一路畅通，违反规则必然祸患无穷。一味地只想耍"小聪明"，抱着侥幸心理去打规则和法律的"擦边球"，最终只会让你前程尽毁，独自啜泣失败的人生。

4. "潜规则"也不能忽视

通过上面的文章，相信你已经对职场规则有了初步的了解。而每个公司自己的规则也都会白纸黑字地摆在明面上，这些规则相信你也会遵守。然而，如果你认为只要做到了这些就能够在职场中"平安无事"那就大错特错了。在职场中有着这样一些规则，它们更像是一碟碟登不上桌面的"小菜"，它们被我们称之为"潜规则"。然而，有时正是这些被我们忽视的"小菜"却让我们吃尽了苦头。

"潜规则"与规则的最大不同，就是它不会被任何人写在纸上，放在口头，而是在心中达成一种认可和默契。"潜规则"通常是一些难以做出明文规定，或是难登大雅之堂的规则。然而，你绝对不能因为它"见不得人"而忽视它的存在。在职场上，有时潜规则比规则更加重要，因为它往往代表着一些"敏感问题"的处理方法。

那么，什么样的规则是"潜规则"呢？例如，在职场规则中，公平、公正是被所有人都认可的规则，然而在实际中，有很多不公平、不公正的事情屡屡发生，而面对这些事情时你不难发现，没有人会因此而提出异议或向领导“抱不平”，因为这里涉及了某些“潜规则”。

所以说，“潜规则”可能是那些与大家所熟知的规则背道而驰的。如果你在职场中发现了一些违背规则然而却没有人提出异议的事情，那就意味着这里面可能有你不知道的“潜规则”，在此时万不可当“出头鸟”，避免不必要的尴尬。

A 刚进公司做计划部主管时，除了工资，就没享受过另类待遇。一个偶然的机会她得知行政主管 B 的手机费竟实报实销，这让她很不服气！想那 B 天天坐在公司里，从没听她用手机联系工作，凭什么就能报通讯费？不行，她也要向老板争取！于是 A 借汇报工作之机向老板提出申请，老板听了很惊讶，说后勤人员不是都没有通讯费吗？“可是 B 就有呀！她的费用实报实销，据说还不低呢。”老板听了沉吟道：“是吗？我了解一下再说。”

这一了解就是两个月，按说上司不回复也就算了，而且 A 每月才一百多块钱的话费，争来争去也没啥意思。可是偏偏她就和 B 较上劲了，见老板没动静，她又生气又愤恨，终于忍不住和同事抱怨，却被人家一语道破天机：“你知道 B 的手机费是怎么回事？那是老板小秘的电话，只不过借了一下 B 的名字，免得当半个家的老板娘查问。就你傻，竟然想用这事和老板论高低，不是找死吗？”

A 吓出一身冷汗，暗暗自责不懂高低深浅！怪不得老板见了自己总皱眉头！从此她再也不敢提手机费的事，看 B 的时候也不眼红了。

这则故事很好地说明了“潜规则”也是一种规则，也需要你去遵守。当你遇到与规则背道而驰的事情时，不要忙着去申辩。去“抱不平”，而是应当看看自己是否了解事情的始末。如果你对这件事情没有丝毫的了解,那么千万不要轻举妄动,否则很有可能你会在不知不觉中触及到某些“潜规则”。

“潜规则”是一种职场中普遍存在的情况,不要认为“潜规则”都是非常抗脏、见不得人的事情。有些“潜规则”只是一种行业、企业内不成文的规定,大家约定俗成的一些做事方法。因此,只要在“潜规则”没有严重侵害到你的个人权益时,你应当适时地与他人一样遵守它,有些窗户纸是不能“捅破”的,否则很有可能对你的职业未来产生不良的影响。

作为一个“职场人”,遇到“潜规则”在所难免,不要敌视它,也不要轻视它,而是学会与它和平共处,自然可以相安无事。

5. 吃透规则,利用规则保护自己

在职场中,大部分人为了使自己能够赢得更佳的发展空间,为了使自己的前途之路能够更加平坦,都会努力去遵守职场的规则和企业的规定。然而,在这部分人中,还是有一些人屡屡闯了职场的“红灯”或是在不经意间触犯了企业的规定,或是由于不会利用规则,而让自己屡遭失败甚至是算计。究其原因,是由于他们没有完全理解这些规则,反而对这些规则产生了一些曲解。

对于职场中的你来说,如果希望自己能够严格地遵守这些规则,并让规则保护你,那么首先你要能够“吃透”它们。那么,如何才能够吃透规则,更好地保护自己呢?这就要求你能够做到以下的一些方面。

首先,你要对规则有足够的理解和认识。当你看到企业的员工规定时,当你了解到一些职场的基本规则时,你除了要将这些规则熟记于心,还要动脑对这些规则进行深度的理解。在你接触到规则时，首先要用自己的智慧去参透其中的主旨。每一项规则都有它的目的和意义，只有当你了解到规则的核心时，你才能够真正领悟其中你所要遵循的是什么，一定要避免的是什么。

其次，你要学会合理地利用规则。规则是人制定的，因此它在某些方面总是存在缺陷的。正所谓"规则是死的，人是活的"，当某些规则对你的正常工作产生影响时，你应当学会发挥自己的主观能动性，在不违反规则的前提下尽量回避规则给你带来的不利影响，同时你甚至可以利用某些规则，更加轻松地达到自己的目标。只有当你能够合理地利用规则时，你才能够对它绝对的遵守。

陈先生在广州某设备有限公司任业务主管，后因意见与公司不符，便产生了离职的念头，但是又不想主动辞职，于是工作马虎，经常旷工、早退，想以此逼迫单位辞退他，并获得经济补偿。后来，陈先生急于离职，在公司准备与之解除劳动合同之前，竟然开始向天河区仲裁委申请劳动仲裁，要求公司支付未签订劳动合同双倍工资、解除劳动关系经济补偿金和代通知金，加班费，并为他补缴社保的仲裁请求。

于是单位聘请了律师来帮助企业赢得这场"官司"。律师在调查了事实情况之后，进行了如下的陈述。

事实上，陈先生无加班事实的证明材料，也无证据证明用人单位掌握加班事实的证据而不提供。因此，其主张缺乏事实和法律依据。关于解除劳动关系经济补偿金和代通知金。首先，陈先生无法证明公司主动解除劳动合同的事实及依据，根据《劳动争议调解仲裁法》第 6 条规定，申请人应当承担举证不能的后果。另外，公司提供了陈先生迟到及早退的考勤记录和公司员工的证人证言，用以证明陈先生的行为已构成单位可以解除劳动合同的法定理由，但是，单位至今仍未主动解除陈先生的劳动合同关系，仍给他一个改过的机会。关于社保问题，首先，单位未为其购买社保，是因为该员工的社保关系仍然在另一家公司，本公司不能同时为其购买另一份社保。其次，根据《社会保险费征缴暂行条例》第 13 条的规定，用人单位未为劳动者缴纳社会保险费的，劳动者应向相关行政部门投诉，社保问题不属于仲裁委的审理范围。

最终，由于律师的精彩陈述，仲裁委员会最终驳回了陈先生的仲裁请求，单位也因此避免了不必要的损失。

在这个案例中，律师正是吃透了相关的法律法规，才让自己的委托人避免了不必要的损失。在职场中，其实也是相同的道理。如果你能够吃透规则，不但便于你更好地遵守规则，还能够让规则很好地保护你。

在职场中，如果你想要更加顺利地谋求发展，那么不光要遵守规则，还要吃透规则，在需要的时候让规则帮助你"摆平"一些困难。这样你才是一名成熟的"职场人"，才是一名能够驾驭职场的"职场能手"。

6. 遵守规则是事业成功的保证

在职场中，规则意味着什么？规则就好像一堵无形的墙，为你划定了一个活动范围，在墙内是安全的区域，而在墙外则是你永远不能踏足的"禁区"。如果你想要冲破这堵"围墙"的阻拦，只会让你浪费了大量的精力、时间后到头来却只是撞得头破血流。因此，在职场中遵守规则是你事业迈向成功的起点，是你成为职场精英必须要做到的基础。

一个公司，如果规章制度贯彻不力，下级就会斗志松懈、纪律松弛，反之，如果制度严明、赏罚分明，企业的凝聚力、战斗力就会增强。同样，一个团结协作、富有战斗力和进取心的团队,必定是一个有规则作为保证的团队。同样,一个积极主动、忠诚敬业的员工,也必定是一个能够服从规则,遵守规则的人。

在你的职场生涯中,大部分的职场规则是你耳熟能详的。作为一名职场人,应该时时事事遵守这些规则。这些职场规则代表了职场中的秩序和规范,是确保职场有效健康运行的法则,如果你破坏了法则,就等于踏入了职场的“禁区”,闯了职场的“红灯”。一旦你的行为方式违背了职场中需要遵守的规则,你就会成为职场的“异类”,这样你周围的同事、领导也会渐渐对你失去信任、失去期待,对你敬而远之。

无论你的公司如何宽松,也别过分放任自己。可能没有人会因为你早下班 15 分钟而斥责你,但是,大模大样地离开只会令人觉得你对这份工作没有足够的热情。违反职场规则可能不会让你在当时就受到惩罚,然而如果将违反规则当成一种习惯,日积月累后你必将自尝苦果。因此,从你踏入职场的那一刻起,你就要让自己的心中铭记一点:职场规则要遵守,遵守规则才能走向成功。记住这一点,你在职场中就会少走“歧途”。

小章是一名勤工俭学的研究生,她课余为餐馆洗盘子以赚取学费。这家餐馆有一个不成文的规定:盘子必须用水洗 7 遍,这样才能保证盘子的绝对干净,从而让客人能够放心地就餐。

然而,洗盘子的工作是按件计酬的,小章计上心头:洗盘子时少洗一两遍,也不会被人发现,这样就能够多洗一些盘子多挣一些钱了。结果,他实施了自己的计策后果然劳动效率大大地提高了。另外一名在这里打工的学生向她请教技巧,她毫不避讳地说:“少洗两遍就行了。”结果没想到那名打工的学生与她渐渐疏远,而她却暗自嘲笑:这个人的脑子简直太死板了,他一定挣不到多少钱。

可是有一次餐馆老板想要考察一下盘子清洗的情况。在抽查中,老板用专用的试纸测出小章清洗的盘子清洁程度不够,责问她是不是没有按要求清洗七次,但她却振振有词:“洗五遍和洗七遍差别并不大。”老板只是淡淡地说：“可能少洗两遍的差别确实不大，然而这却说明了你是一个不守规则的人，请你离开。”

小章为了贪图小便宜，耍“小聪明”，最终却让自己丢掉了工作，他并不知道不守规则在老板眼里是一件多么严重的事情。

因为不注意遵守规则，忽视规则的重要性而最终丢掉工作的事情比比皆是。在职场中，规则永远是神圣不可触犯的东西。一旦你开始违反规则，那就说明你在与整个职场进行对抗，而这对于一个“职场人”来说是非常不明智的举动。职场规则是经过长年累月不断完善地指导所有职场人行为准则的规定，如果你违背了这样的规则，你就会与职场中的其他人相形渐远，而职场是不会照顾“极少数人”的利益的。

在职场中遵守规则，才是你事业成功的保证。任何时候都不要抱有侥幸心理，想通过“小聪明”来钻职场规则的空子，这样只会让你得不偿失。仔细观察你就会发现，在职场中但凡能够成为精英的人，他们一定是那些恪守职场规则，坚决不会违背职场规则行事的人。如果你也想像他们一样成功，那就从遵守规则做起吧。

第十一章

时刻遵守规则，快速成为职场精英

1.

把规则牢记在心，掌控在手

身在职场的你肯定希望自己能够成为职场上的精英，能够在自己的事业上突飞猛进，能够获得更强的能力和更丰厚的报酬。这一切的前提都是你要时刻铭记和掌握遵守职场规则。只有在遵循规则的前提下，你才能够谋得更长远的发展。

其实你不难发现，在你的身边那些工作中的“能手”，职场上的精英，无不是那些对于职场规则有着很好把握的人。他们懂得去遵守规则，去利用规则，将规则牢记于心，掌握于手，让规则成为他们通向成功的好帮手。在职场中，你如果希望获得成功，就要能够做到与规则做朋友。因为，职场规则相当于职场中的“红绿灯”，而只有当你遵守它时，才能够避免你在职场之路上出现“交通事故”，而给你带来不必要的麻烦。

将规则熟知于心，掌握在手可以让你将更多的经历投入到工作当中，投入到提升自己的能力当中，而不是整天都在为了处理违反规则所造成的后果而乱成一团。可以说，将规则铭记于心能够让你规避很多不必要的“麻烦”，让你在工作中也能够保持一个愉悦的身心。试想，谁愿意整天都因为违反规定而饱受痛苦呢？

在三国时期，曹操军队军纪严明可谓人尽皆知，他在兵发宛城时正值收割季节，曹操为了安抚民心命他的官兵在经过麦田时，都要下马用手扶着麦秆，小心地蹬过麦子，这样一个接着一个，相互传递着走过麦地，没一个敢践踏麦子的。老百姓看见了，没有不称颂的。有的望着官军的背影，还跪在地上拜谢。

然而，在曹操经过麦田时，忽然，田野里飞起一只鸟儿，惊吓了他的马。他的马一下子蹿入田地，踏坏了一片麦田。

曹操立即叫来随行的官员，要求治自己践踏麦田的罪行。官员说："怎么能给丞相治罪呢？"

曹操说："我亲口说的话都不遵守，还会有谁心甘情愿地遵守呢？一个不守信用的人，怎么能统领成千上万的士兵呢？"随即抽出腰间的佩剑要自刎，众人连忙拦住。

这时，大臣郭嘉走上前说："古书《春秋》上说，法不加于尊。丞相统领大军，重任在身，怎么能自杀呢？"

曹操沉思了好久说："既然古书《春秋》上有'法不加于尊'的说法，我又肩负着天子交给我的重要任务，那就暂且免去一死吧。但是，我不能说话不算话。我犯了错误也应该受罚。"

于是，他就用剑割断自己的头发说："那么，我就割掉头发代替我的头吧。"

曹操又派人传令三军：丞相践踏麦田，本该斩首示众，因为肩负重任，所以割掉头发替罪。

现在看来，剪头发是件很正常的事，可是，古代人认为头发是从父母那里继承来的，随便割掉不仅大逆不道，而且还是不孝的表现。曹操作为封建社会的政治家，能够割发代首，严于律己，实属难能可贵。

曹操不愧为三国时期杰出的军事家、政治家，他不但将规则铭记于心，严于律己，并且合理地利用"古书"上的规则巧妙地为自己开脱，虽然也承受了割发的严重后果，但是还是在没有有损自己性命的情况下很好地维护了自己制定的纪律的尊严性。可以说，曹操割发的事情是一次经典的对于规则的遵守和利用。

对于职场中的你来说，如果能够将职场规则铭记于心，掌握在手，那么规则不但可以在平时让你严于律己，避免闯入"职场禁区"，甚至能够在最关键的时候挽救你于危难之中。

2.

划定底线，决不乱闯红绿灯

底线，就是为人处世的基本原则、起码要求。作为职场中的一分子，我们每一个人都应当守住底线：守得住底线，则能顺利地实现自己事业上的目标和生活上的期望；守不住底线，迟早会在工作和生活上犯下致命的错误。那么，为人处世的底线是什么？应当怎样才能守住底线？

在职场中，你的底线就是绝对不能闯入职场的“禁区”，绝对不能不遵守职场的规则，乱闯职场的“红绿灯”将为你招来灾难性的后果。要守住这个底线，就必须切实加强对主观世界的改造，不断提高自身修养和思想道德境界。在这个问题上，古人强调的“三慎”即慎始、慎微、慎独，很有借鉴意义。

慎始，就是能谨慎用权、管住自己，第一次面对诱惑时就能保持警醒，做到心不动、手不伸。慎始对于守住底线非常重要。俗话说：好的开始是成功的一半。如果从一开始就能坚持原则，以后就比较容易把握好自己；反之，就有可能突破底线、失去自我。当你去分析一些守不住底线而最终走向毁灭道路的“职场人”的例子时不难发现：有的人就是在第一次面对诱惑时没有把握住自己，让私心和人情战胜了原则，并心存侥幸，以“下不为例”来原谅自己，结果终至丧失了为人的底线。

慎微，就是注重小节、不贪小利，高度警惕小毛病、小问题，做到防微杜渐。古人十分强调慎微对于德行修养的意义。“不矜细行，终累大德”“道自微而生，祸自微而成”“勿以恶小而为之，勿以善小而不为”，这些名言都说明了慎微的重要性、必要性。在职场中，有的人对小节和小利不太在意，认为只要不犯原则性错误，在言行上有点儿小毛病、小问题，占点儿便宜、谋点儿私利，没有什么大不了的。但正所谓“千里之堤，溃于蚁穴”，在小节、小利问题上的不检点，一旦成为习惯，小问题就会演变成大问题，事情的性质就会发生根本变化。同样，有许多例子表明，有的人正是由不拘小节、贪图小利一步步地发展为不拘“大节”、贪图“巨利”，从而丧失底线，踏入职场“禁区”的。

慎独，就是在单独工作与生活、无人监督的情况下能够坚持原则、严格要求自己。一般来说，在工作时间与公众场合，由于存在组织、同事和领导的监督，大家往往能够检点自己的言行，不太容易出格、失态。而在“八小时”之外，处于私人空间、言行没人监督的情况下，就比较容易放纵自己，突破底线。由此可见，要守住底线，就要把严格自律贯穿到工作和生活的每一个环节中去，不仅在工作时间与公众场合能够坚持原则、谨言慎行，在业余时间与独处时也决不苟且、放纵自我。

他是个潜逃多年的杀人犯，因思念妻儿，又偷偷潜回这个小城，但一下火车就被警察盯上了。

情急之下，他拦住一辆出租车，蛮横地将司机拽下来，开车疯了一样在大街小巷横冲直撞，闯了红灯，撞翻了一个个小摊。

他很清楚自己被抓到后等待自己的是什么，他成了一头受惊后丧失理智的公牛。

追赶的警笛越来越刺耳，他把油门踩到了底。

正在疯狂逃窜之际，他前面的路口突然变了红灯，所有的车辆都停了下来。

他也猛然间狠狠踩下了刹车——前面的人行横道上，一队小学生正列队而过。

这些孩子，穿着统一的蓝白相间的校服，一人手里提着一个小马扎，好像要去哪里集会，队伍之长，看样子是全校倾巢而出了。

他猛地想起来，今天是“六一”儿童节。

天罗地网他都敢闯，但现在他没了勇气。

默默注视着孩子们横过马路，直到警察追上来铐住了他，他还目不转睛地看着这些孩子。

他是个小偷，一天下午，在一个偏僻的小区，他撬开一户人家，一进门就闻到一股浓浓的煤气味。

这家煤气泄漏了。

他快速冲进里屋，发现一个小男孩正蜷在床上，两眼翻白，喉咙里发出粗重的呼吸声，孩子中了煤气。

他几乎什么也没想，抱起孩子就向屋外跑，向医院跑。

因为抢救及时，孩子保住了性命。

当孩子父母赶到医院，想见恩人一面时，他们的恩人——那个不速之客，正在派出所里录口供——他投案自首了。

他曾是个拦路抢劫的少年，潜逃到内蒙古隐姓埋名四年。然而，前些天他被抓获了，却是因为一起见义勇为的壮举。

在那个寒冷的早春，他跳下冰冷的湖里接连救起了两个落水的儿童。

他的义举也暴露了自己，自然就被捕了。

记者问他，当时是怎么想的，想没想过那样做会暴露自己？还是想这是一次立功赎罪的机会？

他摇摇头说，当时什么也没想，只想到赶快去救人。

这三个小故事中，所有的主人公都恪守住了自己最后的底线，在面对底线时他们都没有选择动摇。而这三个人竟然都是我们最嗤之以鼻的身份——罪犯。一个罪犯尚且知道有些底线不能突破，作为一个能够奉公守法的“职场人”，如果我们触犯了那些不能逾越的底线，是不是连罪犯都不如呢？

人们常说做人不容易。做人为何不容易？就是因为人会受到种种条条框框的约束。中华民族自古以来就是一个礼仪之邦，最注重个人道德品质的修养，“厚德载物”“上善若水”这些古训千百年来一直传承不断。

守住了底线，你就能获得自由，心中就无愧；守住了底线，你就能活得更轻松，人品也更加高贵；守住了底线，你在人前人后走路才会硬气，才有自尊。因此，守住底线就是守住了为人的根本，也就是守住了自己的气节，守住了自己的尊严！

3. 严于律己，严格遵守职场规则

“严于律己，宽以待人”，这个道理众人皆知，而真正能够做到严于律己的人并不多。相反，在职场中却有很多人做到了“严于律人，宽以待己”，这种做法就是典型的本末倒置。一个连自己都不能严格要求的人，又有什么资格去要求别人。一个不能严于律己的人同样也难以严格地遵守职场规则，让自己逐渐沦为职场的“败类”。

身在职场的你脑海里有没有一刻想过这样的念头：我不想遵守这些规则，我感觉它们很让人反感；我不想再继续努力，我只想休息一下；我不想再为了处理好人际关系而绞尽脑汁，爱怎样就怎样吧。其实我们每个人都在偶然间冒出这样想要放纵自己的想法，但如果它仅仅停留在想法上，并没有什么危害，然而如果你不能做到严于律己，这些事情就会真的发生，从而让你做出一些导致严重后果的行为。

倘若你能够做到严于律己，那么这些想法就真的仅仅停留在想法的阶段，严于律己的态度会让你严格地遵守职场规则，绝对不会迈入“禁区”一步，这将让你在职场之路上走得更加平稳，也更容易走向成功。

中国历史上明王朝的建立，大将军徐达功不可没。“指挥皆上将，谈笑半儒生”的徐达，儿时曾与朱元璋一起放过牛。在其戎马一生中，有勇有谋，用兵持重，为明朝的创建和中国的统一立下赫赫战功，是中国历史上著名的谋将帅才，他也深得朱元璋的宠爱。

但是，就是这样一位战功赫赫的人，却从不居功自傲。徐达每年春天挂帅出征，暮冬之际还朝。回来后立即将帅印交还，回到家里过着极为俭朴的生活。按理说，这样一位儿时与朱元璋一起放过牛的至交，且战功赫赫，甚至朱元璋还将自己的次女许配给他，完全可以“享清福”了。

朱元璋也在私下对他说：“徐达兄建立了盖世奇功，从未好好休息过，我就把过去的旧宅邸赐给你，让你好好享几年清福吧。”朱元璋的旧邸是其登基前当吴王时居住的府邸，可徐达就是不肯接受。万分无奈的朱元璋请徐达到旧邸饮酒，将其灌醉，然后蒙上被子，亲自将其抬到床上睡下。

徐达半夜酒醒，问周围的人自己住的是什么地方，内侍说：“这是旧内。”徐达大吃一惊，连忙跳下床，俯在地上自呼死罪。朱元璋见其如此谦恭，心里十分高兴，命有关部门在此旧邸前修建一所宅第，门前立一石碑，并亲书“大功”二字。

放牛出身的徐达，少年无读书机会，但他十分好学，虚心求教，每次出征都携带大量书籍，一有时间便仔细研读，掌握了渊博的军事理论。因此每每临阵指挥，莫不料敌如神，进退有据，且每战必胜，令人心服。

身为统帅的徐达，还能处处与士兵同甘共苦。遇到军粮不济，士兵未饱时，他也不饮不食；扎营未定，他也不进帐休息；士卒伤残有病，他亲自慰问，给药治疗；如遇上士卒牺牲，他更是重视，筹棺木葬之。将士对他无不既感激又尊敬。

本来可以声色犬马的徐达，平生却无声色酒财之好，“妇女无所爱，财宝无所取，中正无所疵，昭明乎日月。”朱元璋赐予他一块儿沙洲，由于正处于农民水路必经之地，家臣以此擅谋其利，徐达知道后，立即将此地上缴官府，“其无私欲，持大节类如此。”

1385年，徐达病逝于南京。朱元璋为之辍朝，悲恸不已，追封为中山王，并将其肖像陈列于功臣庙第一位，称之为“开国功臣第一”。徐达之所以能不居功自傲，除其个人良好的修养外，还有更深层次的原因——他是一个严于律己的人。

徐达的一生穷困潦倒过，也飞黄腾达过，然而他唯一没有做过的就是违法乱纪，违背纲常，因为他时刻都做到了严于律己。这也正是他作为“功高盖主”的元勋却没有发生“飞鸟尽、良弓藏，狡兔死、走狗烹”的悲剧的原因。

可见，做一个严于律己的人，不但能够让你洁身自好，避免触犯职场“禁区”甚至是法律法规，还能够让你在出人头地之后依旧保持一种低调、朴素的品质，让你在成功之后依旧能够“明哲保身”。

严格遵守职场规则是每一个“职场人”应尽的义务，而保持严于律己的态度则能够让你更好地在职场中“安身立命”。所以，如果你希望在职场中获得成功，并且不会被胜利的喜悦冲昏头脑，那么就选择做一个严于律己的人吧。

4. 机敏灵活，遵守规则但不死守规则

在职场中，不管是什么样的规则都是慢慢演化、制定出来的。由于如今的职场变化更加迅速，有些职场规则可能已经不适应当前的形势，变成

了落后的“陈规”。而作为“职场人”的你，如果在这些规则面前不懂得变通，成为一个墨守成规的人，那么无疑对你的职业发展道路会造成极大的障碍。

规则的意义是为了规范你的行为方式，让你向正确的道路前进。因此，规则是用来让你遵守的，并不是让你死守的。有一些规则由于各种各样的原因已经不再能够帮助你，反而会对你产生一定的阻碍，在面对这些规则时，如果你能够机敏灵活，绕过它们，那无疑会让你在工作中更加顺利、省力。

有一些人总是埋怨规则的不合理，规则影响了他的正常工作。的确，有些规则确实会由于各种原因不但不能规范人们的行为反而阻碍人们的发展。在面对这些“规则”时，一味地抱怨是无济于事的。你应当学会发挥自己的聪明才智，想方设法绕过这些“规则”，来更好地完成自己的目标。

在一次欧洲篮球锦标赛上，保加利亚与捷克相遇。当比赛剩下8秒钟时，保加利亚以2分优势领先，一般来说已稳操胜券。但是，那次锦标赛采取的是循环赛制，保加利亚队必须超过对方5分才能取胜。可要用仅剩的8秒钟再赢3分，谈何容易。

此时，保加利亚队的教练突然请求暂停。许多人对此举付之一笑，认为保加利亚大势已去，被淘汰是不可避免的了，教练即使有回天之力，也很难力挽狂澜。暂停结束以后，比赛照例进行。

这时，球场上突然出现了让人意想不到的事情，只见保加利亚队拿球的运动员突然运球向自家的篮下跑去，并迅速地跳起投篮，球应声入篮。这时，全场观众目瞪口呆，全场比赛时间到。但是，当裁判员宣布双方打成平局，需要加赛时，大家才恍然大悟。保加利亚这出人意料之举，为自己创造了起死回生的机会。比赛的结果，保加利亚赢了6分，如愿以偿地出线了。

在篮球比赛中向自家篮筐投篮，我想这样的事情大家一定会感到惊奇。根据篮球的规则，向自家投篮意味着对方将会得分。然而，保加利亚队为了争取胜利，在本来已成定局的时候打破常规，让比赛进入了加时赛，最终为自己赢得了机会，成功地获得了晋级的资格。

对于职场中的你来说也是如此。如果你在“穷途末路”之时仍然墨守成规，那么就相当于你选择了等待失败。倘若你能够在这时充分发挥自己的主观意念，选择去打破规则而不是死守规则，那么很可能会迎来“置之死地而后生”的重大转机。

在事业上，如果你总是循规蹈矩地去工作，可能会让你失去很多机会，这些机会虽然看似是一条“死胡同”，然而当你打破常规地去争取它时，它真的可能会还给你一个奇迹，让你“起死回生”。

5. 把握分寸，随心所欲也能不逾矩

逾矩就是超越法度的意思，对于现在来说就是违法乱纪。在职场中，你可能会遇到各种各样的诱惑，在面对这些诱惑时，你要时刻谨记，不管它能给你带来多大的利益，也千万不能因此而触犯法律。一旦你迈过法律的“红线”，那么等待你的只能是严厉的惩罚，甚至是牢狱之灾。

在你的一生中，到底什么才是最重要的？是财富，是成就，是信仰……答案其实很简单也很明确，那就是自由。自由是一个人最基本的需求，然而一旦你因为一时的随心所欲而触犯了法律，那等待你的很有可能就是失去自由。退一万步说，即使你仅仅是被治安拘留，但是一旦触犯法律，职场将把你拒之门外，单位很可能会因此将你开除，而当你再想就业时，你的履历上也将变得不那么“干净”。虽然在现今的社会中，秉承着不歧视任何人的观念,即使是曾经有犯罪经历的人也应当获得工作机会。然而,事实是一旦你曾经触犯过法律,那么大部分的企业都会对你“敬而远之”,你很可能因此断送了自己的大好前程。

因此,即使你已经获得了一些成就,或者是在生活质量上有了大幅的提高,也千万要时刻记住:做任何事情都要把握好分寸。只有把分寸把握好了,才能收放自如,进退得宜,即便随心所欲,也能不越规逾矩,从而达到孔子所说的境界了。前途自然也会一片光明。但是,如果因为自己小有成就略有地位后就自骄自横、狂妄嚣张,不加以自律,做事没有分寸,不讲规则,违规违纪,那么,风光的日子也就走到头了。

顾磊杰于1973年从哈佛毕业后旋即加入了麦肯锡。他先后成为了这家咨询业巨头在斯堪的纳维亚和芝加哥地区业务的负责人。他1994年被选为麦肯锡的首位非美国出生的董事总经理。此后他又连任两届,直到2003年,这也是该机构既定的、任职最长的期限。在顾磊杰任职的9年内,他不仅引领麦肯锡成为工商界最有声望的机构之一,而且还成为了最有影响力的咨询机构之一。全球所有主要大企业对各自CEO的选择,都留有麦肯锡的身影,其咨询意见不仅是在指导单个企业,而且还影响着各行各业的重组。

在顾磊杰掌控麦肯锡的那段时间内,他从不担心自己的财务状况。他靠着每年500万—1000万美元的薪酬,过着衣食无忧的生活。在这个关系密切、追逐成功和高度竞争的圈子内,顾磊杰无疑是标杆,是个传奇人物,深受敬重。

2003年,顾磊杰从麦肯锡的高位上退下来,他还有将自己资深合伙人的资格保留到2007年的权利,但地位的下降对他的生活带来了巨大影响。他丧失了原有地位的光环效应和它带来的名望。据他的一些朋友称,正是在这段时期内,顾磊杰开始对金钱表现出了欲望。

然而,对于金钱的渴望让他最终迷失了自己。他在利益的诱惑下向对冲基金经理泄露高盛公司董事会讨论议题细节的电话录音，毁掉了所有人对他的信任。顾磊杰担任董事的优秀企业和慈善机构的理事会纷纷将其除名，他也成为众多身为工商业领导人的前密友唯恐避之不及的人物。

可见，一个人即使获得了再高的地位，即使获得了再大的成功，也绝对不能够为所欲为甚至逾矩。顾磊杰作为一名“职场人”可以说已经登上了成功的顶峰，然而正是他为所欲为的行为把他从万人敬仰的位置上拉了下来，还险些成为了阶下囚。

作为职场中的一分子，顾磊杰的事情也为我们敲响了警钟：当你认为自己已经可以为所欲为时，你就离身陷囹圄不远了，乐极生悲的事情自古数不胜数，如果对自己的行为不能加以控制，那么必将会造成极大的不良后果。因此，不管何时何地，不管你获得了多么大的成功，都要在心中时刻铭记：要学会把握分寸，否则你定将后悔终生。

6. 懂得驾驭规则，才能更快成为职场精英

在职场中，如果你懂得遵守职场规则，那么你将能够在职场中得以生存。而如果你想要成为职场精英，那么仅仅是能够遵守规则还不够，你要学会如何驾驭规则甚至是去创造规则，成为站在职场规则前沿、引领职场的人。

如果说遵守职场规则是作为“职场人”得以在职场中生存的基石，那么驾驭规则就能让你在这座基石上盖起宏伟的“大楼”，从而让你驾驭职场，在职场中更加游刃有余，在事业上也能登上顶峰。被动地去遵守规则只能说是一种“低级”的行为，而主动去驾驭规则、利用规则才是更具有主观能动性的“高级”行为，往往在职场中的一些成功人士都具有能够驾驭规则的能力。

驾驭规则不是无视规则，驾驭的前提是遵守。在遵守的基础上，你才可能尝试去利用规则来让你在工作上、职场生活上获得更大的便利，用最简单、最轻松的方式达成你的目标。而当你完全能够驾驭规则时，你就会进一步地发现，你已经被很多人奉为了职场的“教父”，你的成功行为则成为了他人的“教材”和典范，这时你就可以说是成为了能够创造规则的职场精英。

齐国的大将田忌，很喜欢赛马，有一回，他和齐威王约定，要进行一场比赛。他们商量好，把各自的马分成上、中、下三等。比赛的时候，要上马对上马，中马对中马，下马对下马。由于齐威王每个等级的马都比田忌的马强得多，所以比赛进行几次，田忌都以失败告终。

田忌觉得很扫兴，比赛还没有结束，就垂头丧气地离开赛马场，这时，田忌抬头一看，人群中有个人，原来是自己的好朋友孙膑。孙膑招呼田忌过来，拍着他的肩膀说：“我刚才看了赛马，威王的马比你的马快不了多少呀。”

孙膑还没有说完，田忌瞪了他一眼：“想不到你也来挖苦我！”

孙膑说：“我不是挖苦你，我是说你再同他赛一次，我有办法准能让你赢了他。”

田忌疑惑地看着孙膑：“你是说另换一匹马来？”

孙膑摇摇头说：“一匹马也不需要更换。”

田忌毫无信心地说：“那还不是照样得输！”

孙膑胸有成竹地说：“你就按照我的安排办事吧。”

齐威王屡战屡胜，正在得意洋洋地夸耀自己马匹的时候，看见田忌陪着孙膑迎面走来，便站起来讥讽地说：“怎么，莫非你还不服气?"

田忌说:"当然不服气,咱们再赛一次!"说着,"哗啦"一声,把一大堆银钱倒在桌子上,作为他下的赌钱。

齐威王一看,心里暗暗好笑,于是吩咐手下,把前几次赢得的银钱全部抬来,另外又加了一千两黄金,也放在桌子上。齐威王轻蔑地说:"那就开始吧!"

一声锣响,比赛开始了。孙膑先以下等马对齐威王的上等马,第一局田忌输了。齐威王站起来说:"想不到赫赫有名的孙膑先生,竟然想出这样拙劣的对策。"孙膑不去理他。接着进行第二场比赛。孙膑拿上等马对齐威王的中等马,获胜了一局。齐威王有点儿慌乱了。第三局比赛,孙膑拿中等马对齐威王的下等马,又战胜了一局。这下,齐威王目瞪口呆了。比赛的结果是三局两胜,田忌赢了齐威王。还是同样的马匹,由于调换一下比赛的出场顺序,就得到转败为胜的结果。

这就是田忌赛马的故事,孙膑凭借对于规则的驾驭,利用规则让田忌最终获得了胜利。可见,如果你能够驾驭规则,规则就不再只是规范你行为的标尺,它更会成为帮助你获取成功的工具。

在职场中的你如果已经做到了遵守规则,那么在面对规则时你就可以去尝试驾驭它。在不违反规则的前提下,其实只要充分发挥你的才智,很多规则都可以在某些条件下成为我们取胜的关键。

学会遵守规则,只能说你是一名合格的"职场人",学会驾驭规则你才能够真正地成为"职场精英"。

附　录

职场心理测试：看看你是何种“职场人”

【测试题一】

本心理测试是由中国现代心理研究所以著名的美国兰德公司（战略研究所）拟制的一套经典心理测试题为蓝本，根据中国人心理特点加以适当改编后形成的心理测试题，目前已被一些著名企业，如联想、长虹、海尔等公司作为对员工进行心理测试的重要辅助试卷。

注意：每题只能选择一个答案，应为你第一印象的答案，把相应答案的分值加在一起即为你的得分。

1. 你更喜欢吃以下哪种水果？

A. 草莓 2 分　B. 苹果 3 分　C. 西瓜 5 分　D. 菠萝 10 分
E. 橘子 15 分

2. 你平时休闲经常去的地方：

A. 郊外 2 分　B. 电影院 3 分　C. 公园 5 分　D. 商场 10 分
E. 酒吧 15 分　F. 练歌房 20 分

3. 你认为容易吸引你的人是：

A. 有才气的人 2 分　B. 依赖你的人 3 分　C. 优雅的人 5 分
D. 善良的人 10 分　E. 性情豪放的人 15 分

4. 如果你可以成为一种动物，你希望自己是哪种？

A. 猫 2 分　B. 马 3 分　C. 大象 5 分　D. 猴子 10 分
E. 狗 15 分　F. 狮子 20 分

5. 天气很热,你更愿意选择什么方式解暑?

A. 游泳 5 分　B. 喝冷饮 10 分　C. 开空调 15 分

6. 如果必须与一个你讨厌的动物在一起生活,你能容忍哪一个?

A. 蛇 2 分　B. 猪 5 分　C. 老鼠 10 分　D. 苍蝇 15 分

7. 你喜欢看哪类电影、电视剧?

A. 悬疑推理类 2 分　B. 童话神话类 3 分　C. 自然科学类 5 分

D. 伦理道德类 10 分　E. 战争枪战类 15 分

8. 以下哪个是你身上必带的物品?

A. 打火机 2 分　B. 口红 2 分　C. 记事本 3 分

D. 纸巾 5 分　E. 手机 10 分

9. 你出行时喜欢坐什么交通工具?

A. 火车 2 分　B. 自行车 3 分　C. 汽车 5 分

D. 飞机 10 分　E. 步行 15 分

10. 以下颜色你更喜欢哪种?

A. 紫 2 分　B. 黑 3 分　C. 蓝 5 分　D. 白 8 分

E. 黄 12 分　F. 红 15 分

11. 下列运动中挑选一个你最喜欢的(不一定擅长):

A. 瑜伽 2 分　B. 自行车 3 分　C. 乒乓球 5 分

D. 拳击 8 分　E. 足球 10 分　F. 蹦极 15 分

12. 如果你拥有一座别墅,你认为它应当建立在哪里?

A. 湖边 2 分　B. 草原 3 分　C. 海边 5 分　D. 森林 10 分

E. 城中区 15 分

13. 你更喜欢以下哪种天气现象?

A. 雪 2 分　B. 风 3 分　C. 雨 5 分　D. 雾 10 分

E. 雷电 15 分

14. 你希望自己的窗口在一座 30 层大楼的第几层?

A. 七层 2 分　B. 一层 3 分　C. 二十三层 5 分

D. 十八层 10 分　E. 三十层 15 分

15. 你认为自己更喜欢在以下哪一个城市中生活?

A. 丽江 1 分　B. 拉萨 3 分　C. 昆明 5 分　D. 西安 8 分
E. 杭州 10 分　F. 北京 15 分

180 分以上:意志力强,头脑冷静,有较强的领导欲,事业心强,不达目的不罢休。

外表和善,内心自傲,对有利于自己的人际关系比较看重,有时显得性格急躁,咄咄逼人,得理不饶人,不利于自己时顽强抗争,不轻易认输。思维理性,对爱情和婚姻的看法很现实。对金钱的欲望一般。

140 分至 179 分:聪明,性格活泼,人缘好,善于交朋友,心机较深。事业心强,渴望成功。思维较理性,崇尚爱情,但当爱情与婚姻发生冲突时会做出有利于自己的婚姻的选择。对金钱欲望强烈。

100 分至 139 分:爱幻想,思维较感性,常以是否与自己投缘为标准来选择朋友。性格显得较孤傲,有时较急躁,有时优柔寡断。事业心较强,喜欢有创造性的工作,不喜欢按常规办事。性格倔强,言语犀利,不善于妥协。崇尚浪漫的爱情,但想法往往不切合实际。对金钱欲望一般。

70 分至 99 分:好奇心强,喜欢冒险,人缘较好。事业心一般,对待工作随遇而安,善于妥协。善于发现有趣的事情,但耐心较差,敢于冒险,但有时较胆小。渴望浪漫的爱情,但对婚姻的要求比较现实。不善理财。

40 分至 69 分:性情温良,重友谊,性格踏实稳重,但有时也比较狡黠。事业心一般,对本职工作能认真对待,但对自己专业以外的事物没有太大兴趣。喜欢有规律的工作和生活,不喜欢冒险,家庭观念强。比较善于理财。

40 分以下:散漫,爱玩,富于幻想。聪明机灵,待人热情,爱交朋友,但对朋友没有严格的选择标准。事业心较差,更善于享受生活,意志力和耐心都较差,我行我素。有较好的异性缘,但对爱情不够坚持认真,容易妥协。没有财产观念。

【测试题二】

这个测试是菲尔博士在美国著名主持人欧普拉的节目里做的。回答时依现在的您,不要依过去的您。这是一个目前被很多大公司人事部门实际采用的测试。

1. 你何时感觉最好？

A. 早晨　B. 下午及傍晚　C. 夜里

2. 你走路时是______

A. 大步地快走　B. 小步地快走　C. 不快,仰着头面对着世界

D. 不快,低着头　E. 很慢

3. 和人说话时,你会______

A. 手臂交叠地站着　B. 双手紧握着

C. 一只手或两手放在臀部　D. 碰着或推着与你说话的人

E. 玩着你的耳朵、摸着你的下巴或用手整理头发

4. 坐着休息时,你的______

A. 两膝盖并拢　B. 两腿交叉　C. 两腿伸直

D. 一腿卷在身下

5. 碰到你感到发笑的事时,你的反应是______

A. 一个欣赏的大笑　B. 笑着,但不大声　C. 轻声地咯咯地笑

D. 羞怯地微笑

6. 当你去一个派对或社交场合时,你______

A. 很大声地入场以引起人们的注意

B. 安静地入场,找你认识的人

C. 非常安静地入场,尽量保持不被注意

7. 当你非常专心地工作时,有人打断你,你会______

A. 欢迎他　B. 感到非常恼怒　C. 在以上两极端之间

8. 下列颜色中,你最喜欢哪一颜色？

A. 红或橘色　B. 黑色　C. 黄或浅蓝色　D. 绿色

E. 深蓝或紫色　F. 白色　G. 棕或灰色

9. 临入睡的前几分钟,你在床上的姿势是______

A. 仰躺,伸直　B. 俯躺,伸直　C. 侧躺,微卷

D. 头睡在一手臂上　E. 被盖过头

10. 你经常梦到你在______

A. 落下　B. 打架或挣扎　C. 找东西或人　D. 飞或漂浮

E. 你平常不做梦　　F. 你的梦都是愉快的

结果:

现在将所有分数相加,再对照后面的分析分数:

1. A=2、B=4、C=6

2. A=6、B=4、C=7、D=2、E=1

3、A=4、B=2、C=5、D=7、E=6

4、A=4、B=6、C=2、D=1

5、A=6、B=4、C=3、D=5

6、A=6、B=4、C=2

7、A=6、B=2、C=4

8、A=6、B=7、C=5、D=4、E=3、F=2、G=1

9、A=7、B=6、C=4、D=2、E=1

10、A=4、B=2、C=3、D=5、E=6、F=1

【评分标准】

低于21分:内向的悲观者。人们认为你是一个害羞的、神经质的、优柔寡断的人,是需人照顾、永远要别人为你做决定、不想与任何事或任何人有关的人。人们还认为你是一个杞人忧天者,一个永远会想着不存在的问题的人。有些人认为你令人乏味,只有那些深知你的人知道你不是这样的人。

21分到30分:缺乏信心的挑剔者。你的朋友认为你勤勉刻苦、很挑剔。他们认为你是一个谨慎的、十分小心的人,一个缓慢而稳定辛勤工作的人。如果你做任何冲动的事或无准备的事,都会令他们大吃一惊。他们认为你会从各个角度仔细地检查一切之后仍经常决定不做。他们认为你的这种反应一部分是由你小心的天性所引起的。

31分到40分:以牙还牙的自我保护者。别人认为你是一个明智、谨慎、注重实效的人,也认为你是一个伶俐、有天赋、有才干且谦虚的人。你不会很快、很容易和人成为朋友,但是是一个对朋友非常忠诚的人,同时要求朋友对你也有忠诚的回报。那些真正有机会了解你的人会知道要动摇你对朋友的信任是很难的,但一旦这种信任被破坏,会使你很难熬过。

41分到50分:平衡的中道者。别人认为你是一个新鲜的、有活力的、有魅力的、好玩的、讲究实际的、永远有趣的人。你经常是群众注意的焦点,但是你是一个足够平衡的人,不至于因此而昏了头。他们也认为你亲切、和蔼、体贴、能谅解人,是一个永远会使人高兴起来并会帮助别人的人。

51分到60分:吸引人的冒险家。别人认为你有着令人兴奋的、高度活泼的、易冲动的个性,是一个天生的领袖、一个做决定会很快的人,虽然你的决定不总是对的。他们认为你是大胆的和敢于冒险的,会愿意尝试做任何事,是一个欣赏冒险的人。因为你散发的刺激,他们喜欢跟你在一起。

60分以上:傲慢的孤独者。别人认为对你必须“小心处理”。在别人的眼中,你是自负的、以自我中心的、极端有支配欲和统治欲的人。别人可能钦佩你,希望能多像你一点儿,但不会永远相信你,会对是否与你有更深入的来往有所踌躇及犹豫。